ねこ神さまとねこおやじ

あなたの知らない河川敷でのホントの話

高野山真言宗僧侶
心理カウンセラー
塩田妙玄

ハート出版

はじめに

はじめまして。高野山真言宗僧侶兼カウンセラー、ときどき執筆家の塩田妙玄です。数ある書籍の中から、本書を見つけてくださり、ありがとうございます。

このようなご縁をいただきましたこと、嬉しく光栄に思います。

自己紹介の詳細は、巻末のプロフィールに譲るとしまして、早速本書の導入部分をお話させていただきますね。

本書は、私・妙玄が、２００９年に人を介して紹介された、ある犬猫保護施設のボランティア活動を通して体験した事柄です。

私のボラ活動のお話は、他の書籍でもご紹介していますので、ぜひ併せてお読みいただけましたら嬉しいです（巻末参照してください♪）。

紹介された、その犬猫の保護施設は、「愛さん（私が呼んでいる愛称）」という高齢の男性が、寄付も募らず個人の収入のみで、もう25年以上やっている施設で、河川敷にほど近い場所にありました。

愛さんの保護施設は、犬猫が捨てられやすい河川敷の近くという場所柄、常時１００匹以上の捨てられた犬猫を抱える施設で、多いときは１６０匹もの数に膨れあがっていたのです。これは寄付も募らない個人の保護施設としては、尋常ならざる数。通常これだけの数を抱えると、保護した犬猫のお世話も、手がまわらなくなりがちです。

ですが愛さんの施設は、そんな私の予想を遥かに超えた、清潔で愛情あふれる場所でした。設備自体はボロですが、細部にわたり犬猫の快適さが追求されています。過ごしやすい空間作りが工夫され、このように行き届いた環境の保護施設は、長年ペットライターをやっていた私でも、初めて見ました。ましてや個人が運営するという、その行動力と愛情の深さに衝撃を受けたのです。

そんな施設周辺の河川敷には、ホームレス集落が乱立し、一般の人が捨てていく犬猫や、流れてきた野良さんがひしめき合う場所でもありました。そんな状況の保護施設を見て、私は愛さんの施設をお手伝いするようになったのです。なのですが、そこは捨てられた犬猫の保護活動だけではなく、はからずも周辺のホームレスさんたちや、彼らが拾った捨て猫たちとも、関わりを持たざるを得ない状況になっていました。

初めて関わるホームレスさんたちは、謎のコミュニケーションパターンが多く、心理学を学んだカウンセラーである私も、困惑することの連続で、頭の中は？？　と！！のマークが入り乱れます。

そんなハチャメチャな関わりの中にも、社会を捨てた彼らが、唯一関わりを持とうとする猫たちの存在があり、また不器用ながら、猫を通して人とのつながりを求める、彼らホームレスの泣き笑いの人生がありました。


そんな彼らが集まる集落では、もめ事・いさかい・ケンカなどの暴力・暴言・事件は日常茶飯事。警察や救急車、消防の出動も珍しくありません。

そんな世界と無縁だった私は、ときにはワタワタと慌てて、ときには忍耐と諦観を学び、そして、それでもときには、感動を共有し、泣き・笑い、なんと忙しい日々を送ったことでしょう。


本書は決して、美談でもなければ、お涙ちょうだいの話ではありません。

ホームレスさんは、やはり圧倒的にダメなところがあるから、ホームレスをやっている。そんなことも、また偽らざる事実です。

ですが、社会から捨てられた人と猫たちが、寄り添い、暮らしている生活がここ河川敷にあり、またはからずも、そんな彼らと猫たちの援助に尽力する、愛さんという博愛精神のアウトローの存在。

ここ河川敷は、悲しみと不条理という、世の刹那が凝縮された世界です。輝かしい命と消え逝く命。そんな光と影を織り交ぜていく彼らホームレスの人生。


本書の内容は、強いて言うなら、あなたが知らないビックリ仰天！　カルチャーショック満載の河川敷のホームレスと猫の事件簿。そして、そこに関わる愛さんと新米尼僧の仁義なき戦いの記録です。

存分に、驚いて、笑って、切なくなって、何かを感じてくださったら光栄です。


ようこそ妙玄ワールドへ。

どうぞ、お楽しみ♪ください。

※文中に登場する人物は全て仮名です。身元の特定がなされないよう考慮しました。

「もくじ」
ねこ神さまと
ねこおやじ

天下無敵のカニカマおやじ

〈第一話〉

その口の中いっぱいに
カニカマが入っているではないか‼
おやじ〜！
猫のカニカマ食ってたの
おまえかぁ〜〜〜‼

ある夏の暑い盛りに施設での作業が終わり、近くの駐車場から車を出そうとした、夕暮れ時のこと。（ん？）なんと、駐車場のゲートのところに、人が倒れているではないか！　驚いて、車から飛び降りて駆け寄る。

「う……」

その人を見て思わず言葉に詰まる。倒れていたのは、いかにもホームレス風《ふう》のおやじだった。

「う～～ん、うう～～ん」と、倒れたまま苦しげに胸を押さえて、左右に身体をゆすっている。

「救急車、呼んで……」と、弱々しい声でおやじが私に言う。

（うう、困ったなぁ……）

倒れている人が「救急車を呼んで」と言っているのに、何を私は困っているかというと……。

ただの酔っ払いかもしれないのだ!!

この辺りはホームレス集落で、中には昼間から泥酔している人も少なくない。

ただの酔っ払いのたわ言を真に受けて、救急車なんか呼んだら大変だ。

「う～～ん、うう～～ん。苦しい、苦しい……。痛いよぉ～。救急車呼んで……」

（あううう。どうしよう。ほんとに苦しいのだろうか？　お酒のにおいはしないけど。ああ、どうしよう。どうしよう……）

いつの間にか集まってきた近所の人たちも、私と同じく判断しかねて困惑していた。

何とかしないと、このおやじも困るのだが、駐車場のゲートをふさぐように転がっているので、このままだと私も車が出せない。

「ううう～～ん。うう……」と、苦しげなおやじ。

どうにも判断に困った私は、携帯を持っているホームレス・猫のエサやり命の高原さんに電話をし、事情を話して、救援を頼んだ。

すぐに高原さんが駆けつけてくれた。

高原さんは苦しげに呻《うめ》くおやじを見た途端、おもむろにおやじの両足首を持って、ずるずると道路脇に引きずり始め、そのまま勢いをつけて、乱暴に転がした。

「た、高原さん！　そんな手荒なことして大丈夫⁉　ほんとに具合が悪かったら死んじゃうかも……」

「妙玄さん、こいつ常習犯だよ。なっ、おやじ」

と、高原さんは、転がされたままのおやじの身体を足でこづいた。

「このおやじ、車が好きで、車に乗りたくなると、しょっちゅう救急車呼んで乗るんだよ」

はあぁぁぁぁ～～～⁉　なんだってぇーーー⁇

「おやじさん‼　どこが痛いの⁉」

声を荒げて私がもう一度聞くと、おやじは胸のあたりで両手を交差させて、潤んだ瞳で私を見つめてひと言。


「心が痛いの……」


何じゃそりゃーーー‼

正体を暴かれたおやじはムクッと上半身を起こし、周りをキョロキョロ見回して、ギャラリーが呆れていなくなったことを確認すると、おもむろにすっくと立ち上がり、倒れた自転車をひょいと起こし、そのまますいすいと去って行った。

「じゃあ、オレも行くね。缶集めの時間だから」

高原さんは疾風のように去って行った。


夕暮れにポツンと残された私。何だ？　何だ？　いったい何事だったんだ？　車に乗りたくなると救急車を呼ぶ⁉　心が痛いだぁ⁇　なんて恐ろしい。

ああ、本当に、救急車呼ばなくて良かった。それに仮病で良かった。これでほんとに重病で、救急車呼ばないで死なれたら目も当てられない。

「仕方ないわ。あのおやじが悪いんだから」そう思えるほど私は人生を達観していない。

施設の周辺ではこのような、通常考えられない珍事件がよく起こる。

まったく油断も隙もない。後から話せば笑い話だが、とんでもないことである。

しかし、次に同じ場面に遭遇したときも、このおやじが本当に仮病とは限らない。行き倒れになるホームレスは確かにいるのだから。

ああ、なんてややこしい。施設の作業だけでも大変なのに。

神さま、もう二度と、このおやじと会いませんように……。


それから1か月ほどたったころ、河川敷は初秋の気配。

大きな籠に外回りの猫たちのご飯、缶詰とドライフードをつめて、河川敷の野良さんたちのエサやりに回る。

河川敷の東側に延びる通称「外猫《そとねこ》ロード」には、約1キロの直線距離に、数か所のエサやり場が点在。始めの1か所目はものすごい藪の中なので、夏はいつも入り口を見逃してしまい、後戻りして探すはめになる。

ゆっくりゆっくり、藪《やぶ》をかき分けて進まないと、葉先で顔や手を切ってしまう。

蚊やブヨ、ハチもすごく、それらを払いつつ、クモの巣をかき分け進む。

その先に、人目につかないように藪の奥に設置された、小さな猫小屋が2つ現れる。

愛さんが朝にあげた缶詰とドライフードに、たくさんのアリがたかっていた。この時期はいくらアリよけ対策をしても、焼け石に水。

アリは蟻酸《ぎさん》という毒を出すので、器もご飯も水も、新しいものと取り替える。

その間、顔といい、首といい、腕といい、蚊やらブヨやらに何匹もたかられる。もう、体中ボコボコだ。

剃髪《ていはつ》（スキンヘッド）の頭は、かっこうの虫のエサ場。毛や服などの障害物がない上に、後頭部は虫にたかられていても気がつかない。もう食われ放題・食べられ放題ってヤツ。

私が修行した高野山《こうやさん》の奥之院（弘法大師の御廟や、全国津々浦々の名だたる武将や著名人のお墓がある高野山一大聖地）を高野山の僧侶が歩くときは、合掌してとある真言《しんごん》をお唱えしながら下駄で歩く。

なので、前を歩く僧侶の後頭部には、夏の時期はいつも蚊が数匹止まっている。

（ああ、はたいてあげたい。血、吸われていますよ……）

けど、知らないお坊さんの後頭部を叩くわけにはいかないし、（高野山の偉い人だったら、大騒動だ）きっと、私の後ろを歩く僧侶も同じ思いで、蚊がたかっているであろう、私の後頭部を見ているんだろうなぁ。

奥の院の蚊もすごかったけど、施設周辺の蚊やブヨはもっとすごい。最強だ。

そんな最強の虫たちに、剃髪の頭を食われ続ける。

夏はそんな頭だから、法事の際はいつも参列者の方へのご挨拶の始めに、「ボランティア先の施設で、虫に食われまして……」と、言い訳をするのだが、僧侶（それも尼僧）の後頭部が赤くぶつぶつ、ボコボコなのは、なんとも感じがよろしくない。たまに無意識にボリボリかいちゃうしね。

もともと僧侶なのに法具よりも、子猫やうんこ取りスコップを持っているほうが多いって、どうなんだろう。

そうこぼすと、私のファンでいてくださる貴重な方々はフォローして下さる。

「そんなことないです！　大僧正《だいそうじょう》（お坊さんの最高位）は妙玄さんのように、素手で猫のゲロを受け止めたり、乳飲み子に2時間おきにミルクを数か月あげ続けるなんて出来ないですよ。大僧正だって、妙玄さんのこと『こいつ、やりおる！』って思ってますよ！」

……。いや、思ってないと思う。

そしてここは、子供たちの遊び場から見える場所に猫小屋が設置してあるので、なるべく子供たちに見つからないよう、さりげなくご飯置きを済ませる。

それでも時折「何、やってるの？」と、突っ込まれる。

それが大人であれば、「ボランティアの者で……」とか、野良さんのエサやりに理解がありそうな人ならば、「ご飯あげてる子はみんな、不妊手術してるんですよ～」などの話をして、理解を得る努力をするのだが、子供だとそう簡単にはいかない。

「ボランティアって何？」「なんでそんなことするの？」「その猫、だれの猫？」

〝なんで、なんで？攻撃〟だ。時間がないので、ややこしくならないよう、そそくさと済ませる。

そんな一人突っ込みをしつつ、頭をボリボリかきながら、次のご飯置き場、3か所目のエサやり場に向かう。

ここは、かれこれ30年も、ブルーシートをかけるだけのホームレス生活をしているNさんが、缶集めをしながら、数匹の捨てられた猫の面倒をみている場所だ。

愛さんは、Nさんのブルーシートの少し横の藪に、この子たちのために小さなエサ場を作っていた。さらに、Nさんが猫たちのご飯を買えないときには、よくNさんに猫の缶詰やドライフードを分けてあげていた。

ただね、ここのエサ場はブッシュ（藪）の奥にあり、それもほぼNさんの敷地内（といっても国有地なのだが）だから、エサやりに行くときに、けっこうな確率でNさんと遭遇する。

Nさんと会うのはいいの。いいのよ、別に。

けどね、かなりの確率でNさん、こっち向いて立ちションしてるのよ‼（怒）

なんで、私が行く数分の間に、いつも立ちションしてるの⁉　それもこっち向いて。

他人のおじさんのおちんちんを見るほど、ガックリくることはない。

もうもうもう、本当にガクーーって感じになるのだ。全身から一気に力が抜ける。

そんなときでも、Nさんは慌てることなく一物をしまいながら、自分の猫の食欲の話をしたりする。話しかけられるものだから反射的に答えてしまい、再度ガクーーーっと、くるものが視界に飛び込む。

ああああ、私はいったい何をしているのか。

こう書くと「妙玄さん、そんなのわざとに決まっているじゃないですか！」と言われるのだが、

彼らホームレスの所業は超・非常識だが、わざとじゃないことがまた難解。一歩間違えれば犯罪

なのだが、このような犯罪と爆笑とは紙一重。

ああ、こんなときウィットのきいたジョークのひとつも言え、笑い飛ばせる太っ腹な僧侶になりたいなぁ。

自分のご飯は廃棄弁当を拾ってくるのに、まわりに居ついた捨て猫たちの缶詰は、空き缶集めでかせいだお金で買っている。Nさんもまた猫に優しいホームレスなのだから。


しかし、ここでエネルギーを使い切ってはならない。

次のご飯場に行くには、おしゃべり好きな藤木さんの小屋を通るのだ。

藤木さんの小屋は、川に向かう斜面の下にあり、いつもジメジメドロドロしている。雨が降ったり満潮時には、毎度、毎度の床上浸水。

そのたびに藤木さんは小屋の外に出て、水が引くまで時間を潰している。

毎度のことなのだから、高床式にするなり移動するなり、工夫すればいいのに、と考えるのは、素人？（一般社会人）の考え。

大事なところを何もしない、だから、河川敷で暮らしているのだから。

だいたいがちょっと見ただけでは小屋なんだか、ゴミを積み上げているだけなのか分からない。

外壁？　の中ほどに自転車が宙吊りになっていたり、ギターが半分屋根に埋まっていたりする

のだ。どう見ても意味が分からない。前衛芸術か⁉

入り口もどこだか分からず戸を開けると、上に積み上げた荷物（ゴミ？）が毎回落ちてくる。なんで、頻繁に使う出入り口くらい片付けないのか？

ほんと〜に、不自由だろうに。

そのような疑問をずっと持っていたので、ある日藤木さんに聞いてみたことがある。すると、思いもかけないことを彼が語った。

「若い子とかの〝ホームレス狩り〟とかがあるでしょう。すごく怖いんだよ。だから入り口だって分からないようにして、ドアを開けるとわざと物が落ちるようにしてるんだよ」

あ〜、そうだったんだ。そうだよね。そのような理由ならば確かに怖いと思う。げんに河川敷では、小屋に火をつけられたり、傷害事件も少なくないのだから。

私とて、何度も酔っ払った一般人にしつこくからまれたり、施設までついてこられたり、藪に引っ張りこまれそうになったことがある。

ホームレスさんたちは、いくら泥酔しても、まず一般人にからむことはない。そんなことをしたら、最後に流れついたこの場所にいられなくなるし、何より気が弱くておとなしい人が多く、彼らは極力、人との関わりを避けたいのだから。

河川敷で一番怖くて、ややこしいのは、夏のバーベキューあとの一般人の集団酔っ払い。

藤木さんが小屋を、忍者屋敷のようにするのもうなずける。

彼は人がよく優しい人で、よく周辺の猫をなでたりご飯をあげたり、具合が悪そうな子を施設に連れてきたりする。そして、私にもよく話しかけてくれる。そう、藤木さんは私がここを通るのを、いつも待っているのだ！　さも、偶然のように。

「あれ⁉　妙玄さん。きょうは暑いね〜。そういえばさぁ、あそこの茶トラが……」

と、話が始まる。藤木さんは、ものすっごくおしゃべりなのだ。

もちろん、話しかけてくれたり、気にかけてくれることは嬉しい。

嬉しいのだが、私は毎日「○時までにご飯やりを終えて、○時15分までに洗い物と掃除を終えて、○時○分までには灯油と猫砂を買いに行って、○時までが受付の動物病院に行かなきゃ。あ、帰ってきたら、トラとにじおの治療もしとかないと」というようなタイムスケジュールで動いている。

ホームレスさんたちは基本24時間が自分の時間であり、自分だけの時間軸で動いている。その中のほんの5〜10分の立ち話。半日でも車座になって、お茶ができる彼らにとっては、ほんの一瞬の時間。

しかし、私は10分の立ち話を3人とすると、ゆうに40分くらいの時間をとられる。カウンセリングや法事、講座や執筆の仕事をしながら、車で往復2時間弱かかる場所で、5時間くらいのボランティア作業を、ほぼ毎日こなす私には痛すぎる時間である。

そんな藤木さんがある日、「妙玄さん、大変なことがあったんだよ！」と、かなり神妙な顔をして言うではないか。こんなときは「急いでて、ごめんね～」というわけにもいかない。

(仕方ない。きょうの△△の用事は明日にしよう)と、用事をひとつあきらめて、藤木さんの話を聞く。

「オレね、○○県の家に女房と子供を置いて出てきたんだけど、きのうね、枕もとに死んだ親父《おやじ》が出てきて、『お前いつまでも、何やってんだぁ！』って怒るのよ。幽霊だよ！　幽霊が出たんだ！　オレ初めて見たよ！　幽霊に怒られたなんて信じられる？　ほんとにびっくりしたよ～」

藤木さんは興奮冷めやらぬ、といったふうだ。

(いや、怒るだろう、幽霊でもさ)という言葉を飲み込む。

女房と子供を置いて来て、ゴミ溜めのホームレス生活。

幽霊の親父さんはさぞかし、憤慨してやるせない思いだろう。体があったら、ぶん殴ってやりたいところか。

「一度、帰って顔見せたいけど、交通費が片道2万5千円くらいかかるからね～」

「藤木さん、缶集めだけだったらその日の日銭をかせぐくらいだから、何か短期でも仕事して、お家に帰る交通費をかせげないかなぁ……」

「オレ、鳶《とび》だから、鳶の仕事ならすぐあるのよ。でもこの年でそこの会社の若造に頭下げて、働くのいやだもんね〜」

「そうかぁ〜、数日仕事して、ちょっと顔見せに帰れるんだったら、ちょっぴり頑張ってみたら？」

そう提案してみるものの、果たして本人がいうような仕事が本当にあるのか？　家族は藤木さんを待っているのか？　はなはだ疑問である。

「オレには女房と子供がいるんだけど、帰りたくないいんだ」というのが、ホームレスさんの常套句だが、彼らが事故や病気、死亡したときに、面会や引き取りに来ない家族や親族がほとんど。それが現実だった。

本人は「待ってる家族はいるけど、自分が帰らない」というスタンスを貫くことで、最後のプライドを保っているのかもしれない。

藤木さんとそんな話をして、急いで次のご飯場所、また次のご飯場所と、エサやり作業をこなしていく。帰宅したらすぐにやらなければいけない、締め切り間近の原稿が頭をよぎり、（ああ、誰からも話しかけられませんように。もうきょうは誰にも会いませんように）そう祈りながら小走りに歩く。

最後のご飯場は、以前、ある猫好きのホームレスさんが住んでいて、数匹の捨て猫たちと同居していた人間使用の大きめの小屋。

そのホームレスさんが癌《がん》で亡くなり、その後、愛さんが飼い主を失った猫の世話を引き受けていた。

この小屋には流動的だか、猫が常時4～5匹住み着いているので、小屋の中に猫の数だけ、発泡スチロールを入れた段ボール製の寝床に、毛布を敷いて設置。そして缶詰とドライ、2か所の水を毎日、取り替えていた。
この辺りはけっこう人通りがあり、小屋の前に無造作に猫のご飯が置いてあったり、コンビニのおでんが千切って皿にのせてあったりしていた。
でも、外に置きっぱなしで片付けないから、散らかって汚れて不衛生。このような、やりっぱなしのエサやりが、近所からの最も多いクレームのもとになる。

発見したら、もちろん片付けるのだが、夏場は傷《いた》みも早くいい気分ではない。

それに最近、この小屋のドライフードが器《うつわ》ごと盗まれたり、猫用カニカマが持ち去られたりしているのだ。

フード類が、なめたように器からなくなっている。毎日ちゃんとご飯をもらっている猫は、あまりこのような食べ方をしない。

いたずらなのか、なんなのかは分からないが、犯人を見つけないと、今後なにか事件になったら困る。

とはいえ、猫に何かされた訳ではないので、忙しさにかまけてそのままになっていた。けれど、やはり猫のご飯や食器がなくなっているのは、とても嫌な気分。

(猫のエサやりに、反対してる人の嫌がらせだったらイヤだなぁ)

私が施設に関わったとき、河川敷の猫たちはすでに、このスタイルで長年ご飯をもらっていたから、急にエサやりの形を変えることはできない。ただ、河川敷とはいえ、このようなエサやりはベストではないので、何とかしないと……。と考えてはいたのだが、このような野良さんのエサやりと、周辺の方との折り合いのつけ方は、なかなか難問であるとも思う。

(きょうは、器あるかなぁ)と思いつつ、傾きかけた小屋のドアを開ける。

「ん?」……、開かない?　ガチャガチャ。小屋自体が傾いているから建てつけが悪いのか?　ガチャガチャ、開かない??

この小屋には鍵がないので、閉めた勢いで鍵がかかることはない。

「おっかしいな～」ドアをガチャガチャしていると、しばらくして、「カチャ……」と、中から音がして、ドアが開いた。

「!?」なんと、中からぬ～っ!　と人が現れた。

「ぎゃぁ～!」思わず悲鳴をあげる。

中から出てきたおじさんは、片手にドライフード入りの猫の器を持っていた。

「???　どなたですか?」そういいながら小屋に入ると、なんと小屋の中にイスがある。しかも、中からカギをかけられるようにして暮らしている?　ではないか!?

よく見ると、このおじさん、ホームレスだ。まぁ、よく見なくても一般の人はこんなことしないけど。

「ここで何してるんですか?」「なんで勝手にカギつけているの?」「その猫のフード、どうするの?」

このおやじ、どう考えても怪しい!　すると私に向かっておやじがしゃべりだした。

「オレね、愛さんからここの管理を頼まれたのっ！　愛さんに言われたのっ！　オレね、愛さんから頼まれたのっ！」

どもりながらそういうおやじを横目に、（うそつけ！）そう心で突っ込む。

ホームレスさんには、責任を持って物事を任せられる人がほぼいない。愛さんは彼らホームレスに安易に、そういうことを頼まないことを私は知っていた。

ふっと見ると、また猫用のカニカマがキレ〜になくなっている。

不審に思い、キレイに空になったカニカマ入れをじーーっと見ていると、私の視線と疑念に気づいたのか、そのおやじが、

「オレじゃないよ！　知らないよ！　オレじゃないよ‼」と、しゃべりだしたのだが……。

その口の中いっぱいに、カニカマが入っているではないか‼

おやじ〜〜！　猫のカニカマ食ってたのおまえかぁ〜〜〜‼

「おい、コラ！」（怒）

猫用カニカマは燻製《くんせい》のようになっていて、かなり噛まないと飲み込めない。

このおやじ、小屋に内鍵を取り付けてイスを持ち込み、猫のカニカマを食べていたところを、

私に発見されたのだった。

口いっぱいのカニカマをもぐもぐしながら、不覚にもなかなか飲み込めず、懸命に言い訳をしているおやじ。

もう呆れて言葉もなく、仕方ないから、つじつまの合わない言い訳をしばらく聞いていると、おやじはいきなり泣きだして、

「あんたは女神さまだ！　こんなオレの話を聞いてくれて！」

と、興奮しだして、口角から泡と燻製カニカマのはじを飛ばしながら、話は続いていく。

（ああ、もうこれ以上聞いていてもダメだ）

そう思った瞬間、

（あれ？　このおやじ……？？？）

あああああーーーー!!!

あの、救急車をタクシー代わりにする、『心が痛いの』のおやじじゃないかぁーーーー!!!

ぎゃぁ～!!　また会っちゃった！　もうヤダぁ～！

もうダメだ！　話を聞いていてもどうしようもない。

「おじさん！　とにかく猫のご飯、食べないで！　それは、ここの猫たちのご飯なんだから！　器も持ち出したらダメだからね‼」

ここは、ハッキリ強い口調で言わないと伝わらない。すると、

「だって、うちの猫の食べるものがないんだ。うちの猫にあげたいの」

（そんなこと言ったたって、自分でカニカマ食ってんだろう！　でも、ほんとに猫を飼ってるのだろうか？）

疑念を持ちつつ、仕方ないので、袋にドライフードを入れて渡し、

「はい！　これはおじさんのとこの猫のご飯。これからはこの小屋の猫のご飯をとらないで、愛さんのところに来てください。そうしたらちゃんと猫のご飯を分けますから。それに、この小屋におじさんに居つかれると猫が入れないから、入っちゃダメ！」

と言ったのだが、分かっているのかいないのか……。

「はい、はい」そう言いながら、カニカマおやじは小屋を出て、フラフラと歩きだした。

「おじさん！　器っ！　猫の器、置いてってって！　ダメだって言ったでしょっ！　返してってば！」

「えへへ……」照れ笑いしながら、懐から器を出す。

まったく油断ならない。確信犯か？　どこまでが正気でどこからがボケか、まったく分からない。職業カウンセラーも形なしである。

翌日は、おやじがほかのホームレスさんの小屋を物色しているところに遭遇。

これは本当にまずい。刃傷沙汰《にんじょうざた》になりかねないことである。このような場所でも最低限のルールはあるのだ。

しかも、またうちの猫のドライフードが入った器を持ち出している。なんで⁉

さらにまたカニカマも食べられている！


愛さんの帰宅後、そのことを報告すると、愛さんはカニカマおやじの息子に電話をかけていた。

(愛さん、知り合いだったのか……)

「とにかく、猫小屋のご飯を持っていかないようにさせてくれ！　ちゃんとおやじのこと見といてくれ！　そのうち、また前みたいに事件になるぞ！　あのときは大変だっただろう。お前たちがおやじを見てないと、どうしようもないんだぞ。どうにもならなかったら相談に来いよ」

そう声を荒げるも、電話を切ったあと、

「あのおやじ、なかなか死なないんだよなぁ」とポツリ。

(えっ⁉)

「あそこの息子二人は猫好きで、まじめないい奴でね。でも定職につくたびに、おやじが窃盗やら当たり屋やらで捕まって、そのたびに警察に呼び出されて、いつもおやじの尻拭いばかりで。結局、その二人の息子もホームレスになっちゃったんだ。おやじの女房もホームレスだから、一家4人みんなホームレスなんだよな。かわいそうなんだけど、結局、息子にしわ寄せがいく。早く死んでやればいいのに、あのおやじ、なかなか死なねぇなぁ……」

――絶句。

この親子は同じ小屋に住んでいて、息子二人が、河川敷で捨てられていた猫を2匹飼っているのだそう。息子さんが日雇いで稼いで、ちゃんとご飯をあげているのだが、おやじはフラフラとエサやり場の猫のご飯を食べたり、盗んだり、ほかのホームレス小屋を物色したりして、日がな一日を過ごす。

「ちゃんとおやじも猫も、ご飯は食べているんですが……」

息子さんが困惑して愛さんに話す。

このおやじ、猫好きで、なまじ猫の世話をしようとするところが、反対にたちが悪い。

とにかく猫小屋のご飯はとらないようにしてほしい。カニカマも食べないようにしてほしいと、息子さんに頼み、一件落着――。

のはずなのだが、そんな息子の心痛もどこ吹く風、きょうもフラフラ・ブラブラしているおやじを発見。

あっ！　また、カニカマがない！

キィィィーーー!!（怒）

「愛さん！　もういくら言ってもカニカマ盗《と》られるから、いっそ100円ショップで、せんべいでも買って小屋に置いときましょう！　100均のお菓子のほうが、猫用カニカマより全然安いし！」と提案するも、

「そんなことしたら、あのおやじ、あそこの小屋に住み着くだろうが！」

うう、正論。

て、天下無敵のカニカマおやじ!!

頑張れ、息子！

神さま、どうかこの息子がおやじと猫を置いて、蒸発しませんように。

涙目になり、天に向かい合掌する坊主であった。

Short Short

1 白い聖夜と抱えた猫と

ある年のクリスマス。都心でもチラチラと雪が降り、珍しくホワイトクリスマスになった。

「ふ〜ん、いいわね。恋人たちは」

施設から車を出しながら、ちょっと、いやみ交じりの言葉をつぶやく。

私はというと、ホームレスの野田さんのケガした猫を病院に連れて行き、さぁ帰ろうと思ったら、「橋の下で、○○が○○に、バットで殴られて倒れている！」など、どうにも聞こえないふりのできない事件に巻き込まれ、救急車騒ぎに付き合い、もう夜の1時過ぎ、ようやく河川敷を脱出できたところである。

ただのボランティア活動にしては、労働時間と重責が大き過ぎ。

これから、またファミレスに入って、原稿書きをしなければならない。

せっかくのホワイトクリスマスも形なしである。

車が国道に出たところで、ホームレス風の人が雪をかぶったまま、何かを抱えて歩道の花壇のへりに座っているのが、目の端にチラリと見えた。

「なんだろう？」と思うも、もう私はくたくたで、まだこれから仕事をしなければならず、これ以上、事件に巻き込まれる体力も気力もなかった。

「ただ、座っていただけ。ただ、座っていただけ……」

そう自分にいいながらしばらく走ったが、どうにも気になって車をUターン、その人の近くに停車した。車から降り、恐る恐る近寄る。

黒いコートを着た大柄な男の人で、見るからにホームレスだった。

まだ40代くらいだろうか？　髪は長く縮れ、髭《ひげ》はぼうぼうだったので、年齢はよく分からない。

もう少し、近づいた次の瞬間、

「うっ……」

彼が抱えていたのは、猫だった。

こんな寒空の下で抱えているのだから、死んでいるのか？　生きていたら、どこか屋根のあるところに行くよなぁ。

どうにも、その光景を見過ごすことができず、そろりとそばに寄って、彼の前に静かにしゃがんだ。

彼は、目の前の私を一瞥したが、何も言わず、動きもしない。

彼の腕に抱かれた猫は、白地に茶色のぶちがある子で、腕にうずめた顔は見えず、抱かれた小さな体にも雪がうっすらと積もっている。

Short Short

その猫は死んでいた。

私は彼の前にしゃがんだまま、静かに「猫、亡くなったんですか?」「小屋はあるんですか?」と、いくつかの質問をしたのだが、彼のうつろな目は宙を仰ぎ、無言であった。

どのような事情があるのか分からないが、この雪が降る寒空の中、体に雪が積もるくらい、死んだ猫を抱いているのだ。

そこには、悲しいくらいに切ない人生があるのだろう。彼もこの猫も。

私は車に戻り、お財布に1枚だけ入っていた1万円札を折りたたみ、彼に抱かれた猫の上にそっと置いて。その猫の体はもう冷たく、硬くなっている。それはもう長い間、彼がこうしていたのを物語っていた。

「大切な猫さんのお花代にしてください。お父さんも、つらかったですね。何か温かいものを食べてくださいね」

そう言って、猫を抱く、彼の手を少しさすった。

すると、彼はびっくりした顔で私を見上げた。

私は彼の猫をゆっくりと数度なでて、合掌し、私を見つめる彼に一礼し、その場を後にした。

（なんだか、偽善だなぁ……）

その場しのぎの行為に、罪悪感を感じた。けど、聖夜だから、まっいっか！（坊主だけど）。

こんなとき、私は自分に超・甘い。偽善でも、その場しのぎでも、そのときの疲れ切った私にできた唯一の行為だったのだ。それをどう受け止めるかは彼次第なのだから。それに、亡くなったその子がお父さんのために、私を呼んだのではないだろうか、とも思うのだ。

その子のこんな言葉が聞こえた気がした。

「お父さん、ありがとう。もう暖かいところに行って……」

End

猫使いと警官の仁義なき戦い

〈第二話〉

菅野さんはパッと瞳を輝かせ、
子供のような表情になり、

「さゆりちゃ〜ん!」と、
私に抱きつこうとした。

ヒラリとかわし、

「さゆりちゃんって、誰?」と聞くと、

「吉永小百合!」

「……??」

もう、なんだかよく分からん。

菅野《すがの》さんはかれこれ、河川敷に住み着いて二十数年になるベテランホームレス。年のころは、60代前半、といったところだろうか？

ここでは過去を聞かないのが暗黙のルールなのだが、以前は宿泊施設で長年働いていて、娘さんがいると聞いたことがあった。

そんな菅野さんはおちゃめで、のほほ〜んとして邪気がない。なんとなく、つかみどころがない人である。

長年河川敷の橋の下に住んでいたが、立ち退きにあい（一般の人が通る場所なのだから当たり前だが）数年前から、畳一帖ほどの小さな小屋に、おとなしいキジトラのオス「小六《ころく》」という猫と一緒に住んでいた。

訪ねていくと、小六はたいてい菅野さんと一緒に布団《ふとん》にいた。

そんな小六もまた河川敷を放浪後、彼の部屋に住み着いた猫である。

菅野さんは以前から「頭が痛い」とよく頭痛を訴えて、医療福祉を受けているのだが、その頭痛の原因は分からずじまい。その頭痛のせいか生来のものなのか、言動や行動にかなりピントがずれている（ピントがあってるホームレスさんもいないのだが）。

私が菅野さんと知り合ったときは、福祉の援助を打ち切られたばかりのころだった。愛さんが福祉の人に事情を話して、菅野さんは福祉保護を受けていたのだが、お金をもらうとすぐに飲んじゃう。これで福祉を打ち切られたのは2度目である。

菅野さんだけでなく、生活保護（福祉）を打ち切られるホームレスさんを見ていて、つくづく思うのだが、なんでお金の計算もできず、やりくりもできない人に現金を支給するのだろうか？

それができないから、ホームレスをしているのに、まとまった額のお金を渡すって、無理があると私は思う。

結局、お酒を飲んだりギャンブルをしたりで、もらったお金なんてすぐになくなっちゃう。それで月の後半は、本当に食べるものに事欠くのだ。自業自得とはいえ、本当に何日も何も食べていない。そんな状況にある人は、ここ河川敷では少なくない。

このように、生きていくやりくりができない人には、お金ではなく、数日単位で食べ物などの現物支給のほうが、生きることへの援助になるのではないか？　と見ていて思った。だいたいが、生活保護のお金は、ギャンブルや酒・煙草《たばこ》といった趣味・嗜好品だけに換えるものではないのだから。

そんな菅野さんの小六や、周辺に居ついている猫数匹のご飯は、愛さんがわざわざ朝晩あげに行っていた。

「なんでほかのホームレスさんみたいに、缶詰やドライフードを渡して、菅野さんにご飯を頼まないんですか?」不思議に思い聞いてみた。

「菅野に猫の缶詰を渡すと、自分で食っちゃうんだよ」

「ええーっ⁉」食べちゃうの⁉　猫缶を?

そうなんだ……。ほんとにいろんな人がいるのね、河川敷。

そんなある日、私が一人で施設の作業をしていると、フラフラ〜と菅野さんがやってきた。菅野さんからは、私の姿が見えないらしい。そのまま見ていると、菅野さんがキッチンにあった猫用の缶詰を2缶、ポケットに入れた。

「菅野さんダメ！　缶詰取っちゃ！　置いてって！」

柱の陰から顔を出してそう言うと、えへへ〜と照れ笑いをして、ポケットから缶詰を出した。

「菅野さん、このおにぎりと豆乳（私の夕飯）持ってってください。ここの缶詰を盗んではダメ。いないときに盗まれると、犯人探ししないとならなくなって、ややこしいから」

いい年をしたおじさんにこんなこと言いたくないが、これはハッキリ言わないと後々トラブルになる。えへへ……、と笑う彼には不思議と邪気がなく、なんとなく憎めない。

翌日、カツ丼を持って菅野さんの小屋を訪ねた。

小さな小屋の前には、施設から遠征してきた6代目のボス猫・大きいピースと菅野さんの猫・小六、そして数匹の猫たちがくつろいでいる。邪気がない菅野さんは猫たちに人気があるのだ。

ピースはこんなところまで遊びに来てるんだと思いつつ、「菅野さ～ん」と数度呼ぶと、戸がゆっくり開いた。同時に生ぬるい空気が、むっ～っと鼻をつく。

う、う゛……、く・くっさぁ～!!

小屋の中がものすごっく臭い！　とにかく臭くて刺激臭があって、そのまま戸を閉めたいくらいだった。

フタが開いた猫缶と、むかれたパックご飯が目に入った。

（また食べてたのか、猫缶）

パックご飯は温めもせず、硬いままパーツに分かれていた。ご飯にのせられた猫缶には、醤油がかけてある。横にお箸《はし》があるのだが、小六もご飯にのせられた猫缶を食べていた。

（ひとつのご飯を猫と一緒に食べてるんだ……）

もう仕方ないから見なかったふりをして、「菅野さん、差し入れです。カツ丼お好きですか？」と聞くと、菅野さんはパッと瞳を輝かせ、子供のような表情になり、「さゆりちゃ～ん！」と、私に抱きつこうとした。ヒラリとかわし、「さゆりちゃんって、誰？」と聞くと、「吉永小百合！

あなたはさゆりちゃんなの！」「……？？」もう、なんだかよく分からん。

それにしても、臭くて臭くてたまらない。カツ丼を渡して、早く戸を閉めたい。そう思いつつ、ふっと目線を落とすと、信じられない光景が飛び込んできた。

「ち、ちびり！」

なんと、愛さんの施設で一番の超・超・超ビビリのちびりが、菅野さんの横に寄り添っているではないか⁉　信じられない光景であった。

ちびりは茶シロのオスだが、人と目が合うだけでおしっこをちびりながら逃げるので、愛さんが「ちびり」と命名したほどの臆病な猫。

私はもちろんのこと、愛さんだって触れない。病気になっても、かなり弱らないと捕まえられない猫なのだ。

さらに信じられないことに、菅野さんがひょいと、ちびりを抱き上げた。

もうもうもう、腰が抜けるほどビックリ！

まさか、あの、ちびりが……⁉　しかし、私と目が合ったちびりは、そのまま一目散に小屋の外に飛び出ていった。

（毎日、あんたにご飯あげてるの私じゃん。ちびり……）

菅野さんは缶詰を盗んだり、いつも酔っ払いだし、ダメダメなんだけど、なぜかちびりのような猫でも寄ってくる。そんな不思議な魅力を彼は持っていた。

菅野さんはおとなしいのと、つかみどころのない性格のせいか、ホームレス仲間では彼をいじめる人もいた。


あるとき河川敷に様子を見に行くと、橋の下に警察官がいるのが見えた。

（また事件⁉　行くのやめようかなぁ……）

ここ河川敷では、パトカー・警察官・消防・救急車は日常茶飯事である。

恐る恐る近づくと、地面にうつぶせになり、お尻を丸出しにして倒れこんでいる菅野さんの姿があった。通報があったのか、駆けつけた若いおまわりさんが二人、うつぶせの菅野さんに一生懸命話しかけている。

「おい、どうした？　救急車呼ぶか？」

おまわりさんの問いかけに、「う～～ん、痛い……」と、頭を上げて答える菅野さん。

（なんだかなぁ、酒臭いしなぁ。だいたいなんでお尻丸出しなんだか。仰向けになられる前に、愛さん呼んでこようかなぁ）

そんなことを考えていると、誰かが連絡したのか、愛さんがやってきた。

「おい、おやじ、誰かに殴られたのか？　どこ殴られたんだ？」と、何度も問いかける20代くら

いの若い警察官に、愛さんが、

「あのな、酔っ払い相手にいつまでも同じこと聞いてたって、しょうがないだろう。ホームレスなのは見て分かるんだから、相手が酔っ払いかどうかくらい判断すれや。それに相手がホームレスでも、あんたたちより年上なんだからちゃんと敬語使え。一般人と区別はしないとならないけど、差別はするな。若いうちから弱い立場の人間に、偉そうな態度で接するようになるんじゃない！」

と諭す。ど正論である。若い警察官は、だまって愛さんの言葉を聞いていた。警察官とはいえ、まだ20代の年若い青年。このような態度をいさめるのは、おじさん世代の役割でもある。しかし、なかなかこのようなことを言える人も多くはない（こういうこと言うから、愛さんは無用なトラブルに巻き込まれたりするのだが）。

ただこの若い警察官が、愛さんの言葉の意味を受け止めて、成長していけたらいいなぁ。そんなことを思った。

その後、愛さんに促されパンツをあげた菅野さんは、ヨタヨタと自分の小屋に帰っていった。なんのことはない。酔っ払って立ちションした後、転んでそのまま寝ちゃったのだ。その姿を見た人が倒れていると思い、通報したらしい。普通、無意識にでもパンツ上げないかなぁ。ここ河川敷では、予測不能なことばかりが起こる。

そんなある日、菅野さんがふだん仲良くしていたホームレス仲間に、バットで思い切り頭を殴られ救急車騒ぎになった。

殴った相手は、薬物か何かのフラッシュバック症状を起こしているようだった。もうこうなると、何が原因か分からない。

菅野さんが入院している間、小六はいつも小屋に入らずに外でうずくまっていた。お父さんを待っているのだろうか。

1週間ほどして菅野さんが退院し、河川敷の小屋に戻ってきた。

「菅野さん！　大丈夫⁉」彼の姿を見つけて駆け寄ると、「あけみちゃん、頭が痛いよう……」と、抱きつこうとする。

情け容赦なく、私はヒラリと身をかわした（きょうは、あけみちゃんか……）。

それからも会うたびに、頭が痛いと彼は私に訴えた。

しかし、病院でも異常なしという。痛がる彼に会っても、私にはどうしようもできない。こんなとこで、具合が悪いのって不安だろうなぁ。

そう思うも、家族だってこんな人が帰ってきたらそれは困るだろう、とも正直思う。娘もいて長年きちんと働いていた人の人生が、どうなるとこのような境遇になるのだろうか。

季節が変わり晩秋、河川敷は朝晩かなり寒くなっていた。

そんなとき、菅野さんが、小さなまだ離乳していないくらいの赤ちゃん猫を、大事そうに抱えて施設にやってきた。抱かれた子猫はぐったりしていた。

「どしたの？　その子⁉　いつ保護したの？　どこにいたの？」

矢継ぎ早に聞くと、

「きのうの夜、草むらで、ずぶぬれになって1匹で鳴いてたの。だから、ずっと抱っこしてたんだ」

その言葉を聞いた愛さんは激怒。

「菅野っー‼　見つけてからミルクもなんにもやってないのか⁉　どうして、すぐに連れてこないんだ！　まだ赤ちゃんなのに1日ミルクやらなきゃ、死ぬんだぞ‼」

子猫を引ったくり、殴りかからんばかりの愛さんの前に私は飛び出した。

「愛さん、今、頭殴ったら菅野さん死んじゃう！」

愛さんの剣幕に、言わなきゃいいのに、菅野さんは、

「だって、あったかかったんだもん……」

と、つい本音をつぶやいた。その言葉に愛さんは怒り心頭。

「バカヤロー！　子猫はお前をあっためるためにいるんじゃない‼　もうグッタリしてるじゃないか！」

思わず私は菅野さんにおおいかぶさった。頭を殴られて退院してきたばかりだし。

あれ……⁉　ねぇ菅野さん、私は今、身を挺《てい》してあなたをかばったわけですよ。なのに、どさくさにまぎれて、愛さんから見えないと思って、

おっぱいもんだよね⁉（怒）

愛さんは子猫を抱えて、ミルクを作りに作業台に走っていった。

菅野さんが拾ってもう1日近く。その前はいったい、いつミルクを飲めたのか？　子猫が助かるかどうか、一刻を争う状況だった。はぁーっ。再度ため息をついて、

「菅野さん。どうして丸1日も連れてこなかったの？」

と静かに聞くと、

「うん……。愛さんとこに、連れていかなきゃって思ったんだけど、かわいくて、あったかくて、抱っこしてたら、すごく幸せで。こんなオレでも、守ってあげられるものがあるんだって思ったら、なかなか連れて来れなくて……。かわいくて幸せだったの」

そういう菅野さんに私には返す言葉がなかった。実際は全然、役に立ってもいないし、子猫にとってはただの虐待なのだけど、彼はそう感じていなかった。

「そうなんだ、幸せだったんだね」

「うん」そう答えた彼は、本当に幸せそうだった。

「じゃあ、菅野さんは子猫に幸せにしてもらったから、今度は子猫を幸せにしてあげないとね。次はすぐに連れて来てくださいね。そうしたら、また会えるようにしますから」

そう言うと、彼は少し考えて「ごめんね……」と、ポツンと言って帰っていった。

ヨタヨタと歩く菅野さんの後ろ姿を見ながら、

（おお〜〜い。次からは、どさくさまぎれに、おっぱいもむなよ〜。次は許さんぞ〜）

不毛ながら心で叫んだ。

菅野さんとはよく立ち話をしたり、（ほとんど会話になっていなかったが）差し入れを持って行ったりと、関わりを持たせてもらった。彼は必ず別れ際に「ちゅ～してぇ～」と、口を尖《とが》らせて顔を近づけようとした。

「ちゅ～はダメ‼」と、はっきり言うのだが、実は思うのだ。チューしたいよねぇ……と。異性と接点がない彼にとっては、中年の僧侶であっても、唯一自分を気にかける女性なのだから。触れたり、チューしたりしたいよなぁ。そうしたら、もっと生きる活力が出るかもしれないよね。

ホームレスさんは「ちゅ～して」率が高い。そして、その気持ちはすっごくよく分かる。ホームレスはその状況から、病気を放っておいての野たれ死や自殺も多い。自分を心配し愛してくれる人がいたら、人は死なないのかもしれない。

けれど私は握手まで、と決めていた。なぜなら、私が不快を感じないのが握手までだったから。私は聖人でもないし、ホームレス支援のために、河川敷に通っているわけではない。捨てられた犬猫のお世話をしたくて愛さんの施設に来ていたら、必然的に猫たちを通じて、周辺のホームレスさんと関わりができたにすぎないのだ。

だから自分が「イヤだ！」と思うことはやらない。そんなことを義務感でやっていたら、ボランティア活動自体がイヤになる。だいたい「ちゅ～して♪」ということ自体、世間では立派なセクハラなのだから（おっぱいもんだり、ちんちん見せるのは犯罪なんだけどね）。だから、自分が気分よくできるスキンシップは、握手まで。そう私は決めていた。

それでも、菅野さんはめげずに、毎回別れ際に「ちゅ〜して〜」と、挨拶のように言ってきていた。そんな彼はあるときから、コンビニでバラ売りしているおまんじゅうを、別れ際にくれるようになった。

猫の缶詰を食べているような人だ。自分だって食べたいだろうに、缶を集めたわずかなお金で買ったのだろう。いつも貴重なおまんじゅうを、ひとつ私にくれた。私にくれる間際まで、自分が食べたい気持ちと葛藤するのか、おまんじゅうはいつも握りしめられて、あったかだった。

その話を、ホームレス仲間のみっちゃんにすると、

「あいつ、妙玄さんのことが大好きで大好きで、毎日会えるのを楽しみにしてるんだよ」と言う。

そうなんだ。チューはしてあげられないけど、楽しみにしてくれてるんだ。少しはお役に立っているのかな、そう考えていたら、

「妙玄さんにまんじゅうをあげたくて、あいつ、いつもコンビニで万引きしてるんだよね」

はあぁぁぁぁ〜!?　なんだってぇー!!?

ま・ま・まんびきぃ〜〜??

なんのことはない。彼は私にあげたくて、毎回まんじゅうを万引きしていたのだ。あだだだだ

だ、痛すぎる。まったく信じられない。

しかも、菅野さんは万引きの現行犯で警察に捕まり、「家族か身元引受人はいるのか？」と聞かれると、毎回「愛さんという人です！」と、愛さんの名前と携帯番号を、元気よく警官に言うのだ。

そのたびに、愛さんは警察に呼び出され「俺はお前の身元引受人じゃない‼」と憤慨するも、結局は引き取りにいくハメになる。この辺りのホームレスはそんな人が多く、警察も刑事もすっかり愛さんと顔なじみ。同情的でもあり、河川敷で何か事件があると、愛さんは協力を求められたりしていた。

ホームレスさんたちは人嫌いな人が多く、何を目撃しても「愛さんとしか話さない」という人も多い。

そんな万引きで捕まった菅野さんには、厳重注意。

心で叫ぶ。頼むよぉ～。施設の犬猫の世話だけで大変なんだから、万引きはやめてよ～。思わず泣きが入る。

しかしその後も、近所の立ち食いのお蕎麦屋さんから愛さんに、

「ホームレスがワンカップを持ち込んで、もう4時間も居座られて、ほかの客が怖がって入れな

い。あなたが身元引受人と言っている。何とかしてくれ！」と電話が入る。そのたびに、愛さんが連れ戻しに行く。また菅野さんである。もうもう、ほんと～に、どうしようもない。

またあるとき、差し入れに菅野さんを訪ねると、むわぁ～、くさっ!! 相変わらず小屋が激くさっ！ その悪臭の中で、小六とちびりが菅野さんと一緒に寝ていた。彼は私の来訪に上半身をむくっと起こしたのだが、肉眼でハッキリ見えるほど、無数のノミが一斉に跳び始めたではないか！

「うわぁ～!!」

バッターン！ 思わず思い切り戸を閉めてのけぞった。こんなとき戸を閉めて悪いだの、自分だけ逃げちゃ悪いだの、言っちゃいられない。健全な人間ほど瞬時に保身するものである。

「菅野さ～ん、体かゆくないの～!? ノミすごいよぉ～」と戸の外から聞くと、

「うちの猫にノミがいるみたい。かゆいよ～」と言う。

いや、猫じゃなく、菅野さん自身やら布団やら、濡れたまま固まっている服らしき物体についているのだろう。とにかく、私を見て逃げていったちびりはさておき、小六を小屋から出した。

「うう、すごいノミ……」小屋の周辺にいる猫たちも、そうとうかゆいらしく、一生懸命ボリボ

リと体をかきむしっている。

菅野さんの小屋に遠征しにきている施設の猫の大きいピース、あおいやもみじにも、ノミ取り薬を付けてまわる。彼らは一様にビッチリとノミにやられていた。薬をつけながら猫たちに、

「あんたたち、しばらく菅野さんとこ、行っちゃダメだよ。またノミがつくからね！」

と、一応言っとく。彼らは神妙な顔でうなずいた。

菅野さんの小屋にもどり、濡れて固くなった洋服の塊を処分させてもらい、布団も新しいものに取り替えた。とはいえ、菅野さん本体が臭くて汚くてノミだらけなんだけど、こんな人をお風呂屋さんに連れ

て行ったら営業妨害である。

第一、彼はすでに近所にある唯一のお風呂屋さんで、出入り禁止となっていた。

ホームレスさんたちはめったにお風呂に入らない。だから、夏場はものすんごく臭いのだ。

その中でも、菅野さんはとりわけ猛臭。ここまで臭くて汚れた人と誰だって、一緒の湯船に入りたくないだろう。その上、数か月に1度くらいしかお風呂に入らない彼は、湯船に入ると「はあぁ～～」と、ものすごくいい気持ちになる。それは私たちも湯船に入ると、「ああ～」と一気に体が弛緩する。そのリラックスがお風呂の効用のひとつだが、菅野さんは毎回弛緩し過ぎて、湯船でなんと！


脱糞してしまうのである！


菅野さんがお風呂屋さんに行くたびに悲鳴があがる。

「うわぁー‼　う・う・うんこだぁ～‼」

「ぎゃあぁ～！　糞だぁー！」

われ先に湯船から逃げ惑う、ふるちんの男衆。まるでどっきりカメラの世界である。そんな大騒ぎをしている間にも、いいお湯にあったたまったうんこは、どんどこ溶けて湯船と一体化していく。

で、当然また警察を呼ばれ、お風呂屋さんは営業停止（全て洗浄しないとならないからね）。

さらにまた愛さんが呼ばれ……。

ただでさえ、何か月もお風呂に入ってない汚れた体なのに、その上、うんこまでするなんて……。

ちなみに、女性ホームレスの洋子さんも、お風呂屋さんからレッドカードを出されている一人。彼女はお風呂が大好きで、なんと3～4時間もお風呂場で過ごし、そのあとテレビと冷暖房のあるお休み処で、さらに数時間いるのだという。いくらお休み処とはいえ、お休みし過ぎである。

もうもう、このホームレスが多い地区唯一のお風呂屋さんは、本当に難儀なのだ。ホームレス相手じゃ、損害賠償も請求できない。

おトイレには「ここで寝ないでください」と張り紙をするも、脱衣場には誰が書いたか「私に電波を飛ばさないでください。頭が割れそうです」なんて文言が殴り書きされていた。

とにかく、そんなお風呂屋さんに行けない菅野さんに、急いでリサイクルの服を買いに行った。もう11月で河川敷はかなり寒い。暖かい下着の上下に、タートルの上着・ズボン・防寒服。ひー、大出費！　ただでさえ、犬猫ボラにお金がかかるのに。仕方ない。全部替えないと、あれだけノミがいるんだから。

そうこうしているうちに案の定、私もばんばんノミに食われた。ああ、ノミにやられると数か月かゆくて、跡がシミになるんだよなぁ。施設に帰ったらすぐに全部脱いで、愛さんの服を借りて帰ろう。そんなことを考えつつ、素早くノミ退治をしていると、菅野さんが、

「さゆりちゃぁ～ん、なんでそんなに優しいの～。ちゅ～してぇ～」

と、抱きつこうとする。

違うだろ！　感謝の言葉と表現が違うだろう‼　心で突っ込む。

まったく、このおやじは……。憎めないのだが、困ったおやじなのだ。


施設に戻って愛さんに報告していたら、これまたとんでもない話を聞いた。

「菅野は十数年前に、電車を止めたことがあるんだよ」

「え？　飛び込み未遂とかですか？」

「いや、河川敷の橋の下で、カセットコンロ使ってメシ作ってたら、酔っ払って火をつけたまま寝ちゃって、ボンベが爆発したんだ。乾燥してた時期だったから、周辺の枯れ草にあっという間に燃え広がって、火柱が高架下まで燃え上がって、電車の配線を焼いたんだ。警察も消防も、ものすごい数が来て、ヘリは飛ぶし大変な騒ぎだったよ」

こ・こっわぁ～、私いなくてよかった。私がいないときでよかったよぉ～～～。もはや、笑い話でなく、涙目で聞いていた。

なんて恐ろしい。若い警官をおちょくり、コンビニで万引き、蕎麦屋の営業妨害、風呂屋でうんこして営業停止に追い込み、さらにその上、電車も止めるなんて。

「あいつは火事を何回も出しているから、ここにいたかったら火を使うな、って言ってあるんだ」

ああ、だからいつもパックのご飯を温めないで、固いまま食べていたのかぁ。すごく気の毒だけど繰り返し火事を出してたら、ほかのホームレスさんも退去命令になるし、被害を受けた側もホームレス相手じゃ泣き寝入りである。

菅野さんのように人柄は悪くないのだが、素行が不良でどうしようもないダメな人、というタイプのホームレスは少なくない。こういう人を見ていてつくづく思う。これじゃあ、まともに働けないよなぁ……。

確かにホームレスの基本は「働かない・なまけもの」であると私は思う。しかし、中には「働くという能力が欠落している」人もいるのだと、ここ河川敷で痛感した。

女性ホームレスの洋子さんも「働けない人」の一人。

いつの間にか河川敷に住み着いた年配の女性なのだが、おしゃべり好きながら、でしゃばるところがなく平和主義なので、周囲のホームレスさんともうまくやっている、この辺りでは珍しい女性ホームレスであった。

洋子さんは、自分の飼い猫という子はいないのだが、情報通なので、周辺の猫の健康状態や状況をよく知らせてくれていた。

河川敷のように猫が自由にできる場所では、しょっちゅう猫が居場所を移動し、飼い主替えも珍しくない。Aさんの猫なのに、Bさんの小屋に住み着くなんて状況も多かった。

そんな猫の移動や飼い主替えの情報、またどこそこの猫が食欲がない、など河川敷の猫たちの健康状態を、おしゃべり好きな洋子さんはよく教えてくれる。

ふだん河川敷にいない私には、貴重な情報源であるのだ。

そんな洋子さんはかなーり、ふくよか。愛さんはそんな彼女を見て「少しの運動とおこづかい稼ぎになれば」と、夏場に施設の草むしりを洋子さんに頼んだ。

通常であれば15~20分もあれば終わるくらいのスペー

スなのだが、洋子さんは久しぶりの仕事に、首にタオルを巻き、虫除け防止の長袖、長靴に水持参と完全武装。張り切って施設にやってきた。20分ほどすると全身汗だくの洋子さんが、顔を真っ赤にしてヨタヨタと私の元へ。

「お疲れさまで～す。終わりましたか？」

「いっぱい虫に食われちゃって、足が腫れちゃったから、続きは明日でいいかな、と思って」

その足を見たらつい、

「やだー！　洋子さん、パンパンにむくんじゃってるじゃない⁉　治るまでお休みしたら？」

「そっちはなんでもないほう。虫に食われたのこっちの足」

と、反対の足を指さす。うう……、すごく失礼なこと言っちゃった。

こんなやりとりが毎日繰り返され、結局、洋子さんが草むしりをするスピードより、草が生える速度のほうが速く、見かねたお酒好きの富さんが、カマで一気に草刈りをした。ただ……、そのときに、愛さんが植えていたナスやきゅうり、トマトの苗も全部、刈り取られたのであった。

このように、通常のシステムでは働けないという人をほかの人と同じ要領で社会で働かせるのは、仕事を教えたり依頼するほうにもマイナスではないか？　コストパフォーマンスがよくないばかりか、システム自体を壊してしまったりするのだから。

それよりも彼らができること、情報通を生かすとか、ひとつのことならできるなどを生かして、見張りを頼むとか。そういう生かし方はできないのだろうか？　人はできる能力や時間軸が違う。彼らホームレスは、日がな一日、イスに座っておしゃべりをしたりしている。かといって、だからいい身分かというと、そうでもないと私は思う。

1日中、河川敷でブラブラしてるのって、大半の健康な人にとってはかなりの苦痛。それが、数日ならば骨休みになるのかもしれないが、そんな何もしない生活をしていると、1週間、1か月もたつうちに、うつっぽくなってくる。

「いったい、なんのために自分は生きているのか？」そんな疑問が湧き上がってくる。そこを「楽しめる」のは能力のような気がする。ホームレス生活にも適性がある。そんなホームレス生活に相容れない人は、また社会や家庭に戻っていったり、河川敷からいなくなったり、病死や自殺したりしている。

話を戻すと、菅野さんは時折頭痛を訴えながらも、少しの缶集めをしたり、愛さんから頼まれた買い物をして、おこづかいを得ていた。

12月の半ば。河川敷は氷がはるような寒さのある日、施設で亡くなった子（猫）の供養をお墓でしていたら、何台もの消防車が河川敷に行くのが見えた。慌てて駆けつけると、菅野さんの小屋周辺から、ものすごい火の手が上がっているではないか！　周辺の枯れ草は瞬く間に火の粉を吸収し、数メートルも燃え上がる火柱は、次々と河川敷に燃え広がっていった。

　菅野さんの小屋はすでに火柱に包まれている！

「えっ⁉　えっ⁉　す、菅野さぁ～ん！　菅野さ～ん！　小六、ころく～！」

　小屋に駆け寄ろうとすると、ふいに腕をつかまれた。警察官だった。

「危険ですから、近寄らないでください！」

「人が！　ホームレスさんが小屋にいると思うんで‼　中に人が‼」

「ええ⁉」っと驚く警察官の手を振り切ろうとすると、「妙玄さ～ん」と後ろから、警察官に抱えられた菅野さんが現れた。

「あっ、あ、菅野さん。大丈夫？　ケガは？　やけどは？」

「お尻、少しやけどした」

「猫は？　小六は？」

　と聞くと、近くの小屋に住む大島さんが、

「猫は、菅野みたいにのん気に寝てなくて、すぐ逃げるから大丈夫だよ。オレが菅野を引きずり出したんだ」

　と笑っていた。あぁ、とにかく誰もケガしなかったようだ。５台も来ていた消防車の消火活動により、辺りは水びたしの黒こげ。まだ煙が上がっていたので、火が見えなくなっても、かなり長い間放水されていた。大島さんの小屋も安さんの小屋も、寸前のところで被害をまぬがれた。

消火活動が落ち着くころには、辺りは暗くなっていた。


事態を見ていたホームレスさんの話だと、橋の上から中学生くらいの男の子が、ロケット花火を菅野さんの小屋に打ち込んだという。冬の枯れ草となった河川敷の草に着弾した花火は、あっという間に燃え広がり、男の子は驚いて逃げていった、というのが真相だった。

「オレの荷物、みんな燃えちゃった……」

ポツンと独り言のように、菅野さんが小さくつぶやいた。

唯一持っていたであろう荷物は全焼してしまった。中には家族の写真や、かわいがっていた亡き小鉄の写真もあったのではないだろうか。

背中をさすってあげたかったが、またおっぱいをもまれたら嫌だからやめた。

このままでは、菅野さんの寝場所がない。そして、運悪く愛さんは出張でいない。もう私の独断で、以前Kさんが住んでいて今は空き家になっている、河川敷の小屋の掃除を急いで始めた。もう辺りは真っ暗なので、懐中電灯を照らしての作業である。小屋を片付けて、マットレスと布団を重ね、とりあえずの水と手持ちのおにぎり、懐中電灯を枕元へ置いた。裸足で焼け出された、菅野さんがはける靴を探したのだが見つからず、愛さんの靴下とスリッパを持ってきて、菅野さんを呼んだ。

「菅野さん、今晩はもう暗いから、とりあえずこれで我慢してください。明日また来ますから。そのときに、もう一度必要なものをどうにかしましょう。少なくて申し訳ないですけど、ここに3000円あるから、とりあえず置いていきますね」

そう言うと、菅野さんがいきなり泣きだした。

「なんで？　なんで？　そんなに優しいの？　どうして、オレなんかにそんなに優しくしてくれるの？」

彼はぽろぽろ泣きながら、「ちゅ〜して」と、また抱きつこうとする。「しない！」と即答し、「じゃあ、明日。誰かに何か文句を言われたら、塩田にここに居るように言われた、って言ってくださいね」

そう伝えて、河川敷を後にした。

翌日行くと、菅野さんが所在なげに、橋の下をうろうろしている。まわりのホームレスさんに聞くと、案の定、ほかのホームレスに「ここに住むな！」と、私が用意した小屋から追い出されたという。彼らホームレス社会にも、縄張りとややこしいコミュニティーがあるのだった。

その夜、出張から帰宅した愛さんが、菅野さんの所在に文句を言っていたホームレスを諭しに行き、菅野さんの新居が決まった。菅野さんの新居には、施設の猫の伝ちゃんやあおい、元気というまた別な猫たちが集まってきていた。

小六は焼け出された小屋の前をしばらくうろついていたが、しばらくすると、菅野さんの新居に出入りするようになっていた。

そのあと、私は自分の仕事や飛騨の寺に通うことに忙殺され、施設に行けても、犬猫たちの世話や施設の用事でいっぱいいっぱいになり、菅野さんと話ができないでいた。小屋をのぞきに行ってもいつも不在で、たまに見かける彼は、あちこちと河川敷をさまよっているようだった。

(今までいつも小屋にいたのにな。新居は住み心地が悪いんだろうか?)

そんなことを思っていた極寒の2月。飛騨の寺から帰ると、愛さんから「菅野が死んだよ」と告げられた。

火事で焼け出されたあと、新居に引っ越した菅野さんだったが、ことあるごとに彼を嫌うお酒好きの富さんに、

「お前、出ていけ!　お前なんか死ねばよかったのに。この小屋に住むな!」

と言われ続けていたという。そんな富さんは何度も愛さんにたしなめられたのだが、私たちがいないところで、ひどく菅野さんを罵倒していたらしい。ほかのホームレスが集めてきた空き缶

を盗んで売ったりしていた菅野さんを、富さんは、「あいつはドロボーだ」と言ってひどく嫌っていた。

小屋にいることができなくなった菅野さんは、泥酔して寒風吹きすさぶ河川敷の、前に住んでいた焼けた小屋があった場所で、うつぶせに倒れて死んでいたという。

凍死だった。

彼を罵倒した富さんだって、酷い酒乱で散々事件を起こしている。富さんだってすごく人に迷惑をかけているのに……。

ロケット花火を打ち込んで大火事を起こした少年だって、彼がそんなことをしなければ、菅野さんは死ぬことはなかったと思う。捕まらなかった彼は、そんな事実を知ることもないだろうが。

河川敷でささやかな祭壇をつくり、三具足《みつぐそく》（花・線香・灯明）を用意して、私は法衣に着替え、集まったホームレスさん10人くらいとご供養をした。

「どうしようもない奴だったけど、お坊さんにお経をあげてもらえるなんて、幸せだよなぁ」

集まったホームレス仲間は口々にそんなことを言ったが、私は菅野さんの「ちゅ〜してぇ〜」の声を繰り返し思い出していた。

チュークらいしてあげる寛容さもなかったなぁ。

全焼した菅野さんの小屋の跡、まだ黒く残る焦げ跡を眺めながら、ぼんやりとそんなことを思っていた。

小六は橋の東側に住むOさんの小屋に居を移していた。ほとんど姿は見せないが、「元気にしてるわよ」と情報通の洋子さんがよく報告してくれた。

それからも忙しく日々は過ぎ、河川敷は極寒の冬を越し、渡り鳥が空を行き、うぐいすが鳴き、深紅の梅から薄いピンクの桜へと、季節は移り変わっていった。そして河川敷の草たちがいっせいに青々と茂る夏を迎えた。

ある日、愛さんが「妙玄さん、ちょっと来て」と、かつて全焼した菅野さんの小屋跡に私を連れて行った。

「ええ！⁉」なんと、何年も短い雑草だけが生えていた場所だったのに、菅野さんの小屋の辺りを取り囲むようにさまざまな花が咲き乱れていたのだ。白い小花、あざやかな黄色のマーガレット、うす紅色のかれんな花々。むらさきの忘れな草が風に揺れている。

百花繚乱とは、まさにこんな風景をいうのだろう。

そこだけが、それは見事なお花畑になっていたのである。

「二十数年、ここと関わってきたけど、こんな花畑になった場所は初めて見た。菅野が死んでからだよ。不思議だなぁ。まあ、邪気がなく不思議な奴だったからなぁ」

「そうですねぇ」


居場所が亡くなっての凍死、というと悲惨に思えるが、原因不明の頭痛を抱えて、このようなホームレス生活を何十年も続けていくことを考えたら、そんなに悪い死に方じゃなかったのかもしれないな、と私は思う。酔っ払って、眠り込んでの凍死。そんな死もありなのかもしれない。

死とは忌み嫌うばかりでなく、「解放」という意味もあるのだから。

人の人生の数だけ、死の意味もまた多彩なのだと、そんなことは、ここ河川敷にいないと教わらなかった。

自分が置かれた場所――。そこでは、全てが自分に必要な出会いと出来事なのだろう。

お花畑を見ながら、菅野さんが繰り返し言っていた言葉を思い出した。


「オレ、今度生まれかわったら、愛さんのところの猫になりたい」

Short Short

2 消えない臭いと消えない思い

時として施設には、重症の猫が運び込まれることがある。中には、よだれや糞尿を垂れ流し、耳・鼻・目と、いたるところから体液が流れ出て、その全てが腐敗した臭《にお》いを発しているときがある。細胞が死んでいくときの、いわゆる「死臭」である。

そのような重病の猫や、野生で瀕死のタヌキやハクビシンを病院に連れて行くと、ブルーシートの上に新聞紙を敷いても、その強烈・激烈な臭いは数日～1週間くらいはとれない。

私は犬並に鼻がいいので、その臭いが抜けるまで、ものすごくつらい日々を送ることになる。

臭いとは粒子でありミクロの物質であるから、下の敷物だけでなく周囲に粒子が付着するのだと思う。真冬でも窓を開けないと運転ができず、目がチカチカするくらいの猛臭なのだ。

しかしここ河川敷ではそんな「死臭」より、もっと最強の悪臭がある。

ホームレスさん本体の臭いである。

ホームレスは、基本お風呂に入らない。福祉（生活保護）を受けている人はお風呂券なるものが支給されるのだが、その券も本来の使い方はされず、河川敷で売買されたりもする。

夏場なんか河川敷という外にいても、風下に立つとツンと鼻をつくような臭いがしてくる。ましてや、施設の室内に一緒にいようもんなら、充満するすえたような臭いにたまらなくなる。本人たちは「オレ、汗かかないから」というが、「何言ってんの！　くさいよ‼」と叫びたくなる。


ホームレスさんが世話をする猫を病院に連れて行くとき、彼らは一緒に行きたがるのだが、（ドライブだし、話をしたいしで）軽傷ならば私が一人で連れて行く。

理由は……、だって、くさいんだもん。

申し訳ないけど、みんなすごい臭《にお》いなんだもん！　それに、車中、ず〜っと、彼らの話を聞いてるのがつらいの。彼らの話を聞くときには、基本カウンセラーモードになる。そうしないと、うっかり言い返したり、説教くさくなってしまうから。とはいえ、彼らの話はそう言いたくなることばかりなのだけど。

それでも、時として猫が重症なときは、飼い主であるホームレスさんと一緒に行く。誰だって、自分の猫の生き死にに関わることは心配だし、直接、獣医師から話を聞きたい。

で、重症の死臭がする猫と、激臭がするホームレスコンビとともに病院に行くと、もう車中全体に腐敗臭が蔓延し、その凄まじい臭《にお》いは、語彙の乏しい私ではとても形容できないほどである。

窓を開けても、消臭剤をまいても、くさいよぉ〜！　くさいぃぃ〜〜‼

激臭と闘いながら車中、ここぞとばかり、ず〜っとしゃべり続けるホームレスさんの話を、うんうんと聞く。

私が運転する車に乗り、支払いは愛さん。さらにカウンセリング付き。誰だって、こんな恵まれた状況ならば、同行したがる。

そんな重症猫とホームレス激臭コンビを河川敷まで送り、ようやく帰路につくのだが、降りてもらった後でも、うう、く、くさいよぉ〜〜！

窓を開けておくも、2〜3日はへっちゃらで臭う。

「もう、なんでいつまでもくさいのよぉ〜！」

運転中にふと助手席を見ると、なんとホームレスさんが乗っているではないか。

ぎょぎょぎょっ！　いや、正確には
ホームレスさんの残像であった。
「もっと話を聞いてほしい！」
「もっと、乗っていたい！」
そのような強い気持ちが、助手席に
残っているのだ、臭いとともに。
ぎゃあぁぁー！　残像はいてもいいけ
ど、臭いは連れて行ってくれぇー！

End

猫のエサやり命に五分の魂

〈第三話〉

私はこのおやじギャグが
大嫌いだったのだが、
「わぁー、うまい！　座布団1枚！」
「山田く～ん！　座布団、
全部とっちゃって！」
とか、彼の掛け合いに付き合っていた

人の紹介で、初めて愛さんの施設を訪ねた2009年6月のこと。持てるだけの犬猫のフードを買って施設を訪問すると、運営者である愛さんは仕事で不在だったが、半年くらい前から施設を手伝っているという、高原さんが迎えてくれた。手伝いの高原さんは、近くの河川敷に住むホームレスで、人嫌いだということを、あらかじめ聞いていた。しかし初めて会う高原さんは、Tシャツにニッカボッカ姿の60歳くらいの明るい人という印象。

人嫌い？　普通に会話ができるこの人が？　その意味を理解するのは少し後のことになる。その日は高原さんに、施設内や保護されている犬猫を紹介してもらい、後日、改めて愛さんとお会いした。

その施設は、男性が個人でやっているとは思えないほどの規模と機能性、清潔さを保ち、さらに保護されている犬猫の多さ（犬猫合わせて140近く）に驚いた。私は愛さんの了解をもらって、早速、次の日からボランティアに通い始めることにした。

「ここは、3日続いた一般人のボランティアはいないんだ。たいていはこっちで断るか、出入りするホームレスが受け入れないからね」

と、愛さんが意味深なことを言うではないか。

施設は犬猫の保護以外に、河川敷のホームレスさんたちが出入りもする所で、私は初めてホームレスという人たちと関わることになった。

しかし、そこは関わること全てがビックリ仰天！　の連続で、私には、カルチャーショックてんこ盛りの異次元空間であった。

ボランティア初日、施設に行く前に河川敷に立ち寄ってみると、7～8人のホームレスさんが鍋を囲んで昼間から飲んでいた。

「こんにちは」と挨拶をすると、「愛さんとこに行く人？　ちょっと食べていきなよ」と声をかけてもらったので、「わぁ、いただきます！」とご相伴にあずかることに。

イスを出してくれたおじさんは、素手で座面を拭いてくれている。ちらりとテーブルの下を見ると、油や野菜くず、虫が浮いたバケツに食器がつけてあった。しまった、見ちゃった……。

私は中南米や北米を一人で旅したり、ハスキーと山でキャンプしていたので、かなり不潔に耐性がある。煮れば食中毒にはならない、たぶん……。

「お～いし～い！」ふるまってくれたイモ煮鍋は、おせじでなくとてもおいしかった。

「じゃあ、これも飲みなよ！」5リットルのペットボトル入りの合成焼酎を勧められる。いや、昼間から焼酎はちょっと……。これからボランティアだし、そもそも車だし。

代わりにイモ煮のお代わりをいただき、少し世間話をすると、ホームレスさんたちはとても喜び、この辺りの河川敷にまつわるいろいろな話をしてくれた。

高原さんの姿がなかったので、「きのう、高原さんにお会いしたんですが、もう施設ですかね?」と聞くと、みな一瞬だまり、「ああ、あの人はこういう集まりに来ないよ。橋の下にも来ない。猫は好きみたいだけどね」と、何やら含みがある答え。お互いが事情を抱えるホームレスたちは、いろいろと事情もあるのだろう。鍋のお礼と「これからどうぞよろしくお願い致します」と、丁寧に頭を下げて施設に向かった。

そして、施設で作業をする高原さんに、いろいろレクチャーを受けていたのだが……。

愛さんの施設は交通事故の心配がほぼない立地なので、猫たちは内外を自由に行き来していた。当然、室内には泥足の猫たちが数十匹出入りしているのだが……。

「この部屋なんですか?」と聞くと、「そこも猫小屋」と高原さんは言いながら、その部屋のベッドの上にいた3匹の猫の足元に、汁がたっぷり入ったフードを置いていく。

「キキ、いい子だ」「師走《しわす》、食べろよ」「大将、お代わりあるぞ」

猫たちの頭をなでなで。

ベッドカバーもない掛布団の上に汁がこぼれ、猫たちがフードを散らかしている。

「猫用のベッドなんですか？」と聞くと、「ううん、愛さんが寝てる」と言う。えっ⁉　愛さんのベッドなの？　その布団は、猫たちの糞尿や泥、砂で汚れ、さらにこぼれたフードや散らばった毛とほこりで、大変な事態になっていた。

施設の内部を見る限り、愛さん本人はすごく几帳面な人で、生き届いた掃除をする人だ。それが何ゆえこのような事態に？

その意味が分かったのはその翌日。施設に行くと、なんと愛さんが右手で頭を押さえて、床に転がって苦しそうに呻《うめ》いている。左半身が麻痺しているのか、左の手足はだらりとたれ下がり、力が入らない感じ。その尋常ではない容態に、思わず立ちすくんでいると、高原さんがスタスターとやってきて、床に転がっている愛さんの体をひょいとまたいだ。助け起こすのかと思っていたら、

「たんぽぽー、ご飯だぞ～」ひょい（愛さんをまたぐ）、「ちえ～、好物のカツオの缶詰だぞ（なでなで、ニコニコ）」ひょい（またぐ）、「タロウ、お待たせ～いい子だな～」

そう言いながら、愛さんには目もくれず、施設の猫のエサやりをしていた。その異様な光景に驚いて、「高原さん！　愛さん、どうしたの⁉」と聞くと、「いつもの発作」と答えて、さっさと部屋を出ていってしまった。

愛さんはもともと重篤な持病を持ち、たびたび発作を起こすと聞いていたのだが、私が施設に

関わり始めたとき、その症状はかなりひんぱんで激しいものだった。

私は高原さんを追いかけた。

「高原さん、愛さんはどうしたらいいの？　発作を起こしたとき、いつもどうしてるの？」

「別にどうもしないよ。いつものことだからね」

せめてベッドに移動したほうがいいと思ったが、ベッドの上は食事をしている猫が数匹、陣取っていた。「愛さんをベッドに寝かせましょうよ」と言う私に、なんと！「ダメだよ。今、猫がご飯食べてるからね～」と言うではないか。

——絶句。

一見、人当たりが良くて普通の会話もでき、きびきび動く高原さんがなぜ人嫌いというのか、なぜホームレスをしているのか、なぜホームレス仲間も宴会に呼ばないのか、謎が一気に解けた。

高原さんは、〝人が嫌い〟なのではなく、〝人にまったく興味がない〟のだ。

そして口癖は「猫さえよければいい」であった。

そう、高原さんは猫にだけ情熱があり、猫のエサやりだけが命で、それに関わる人のことは眼中にないのだった。確かにこのような一方的な考え方や関わり方だったら、人とのコミュニティーで共存していくには無理がある。

それにしても、人の布団の上で猫にウエットのご飯をあげ、人が苦しんでいるのに平気でまたいで通る。私はこのような人と出会ったのは初めてで、すごい衝撃を受けた。

しかも、高原さんは愛さんからお給料をもらっているから、自分も大好きな猫の世話で暮らしていける。だったら、愛さんに何かあったら自分が困ると思うのだが？

そのあたりのちぐはぐさが、ホームレスという彼らの由縁なのであろう。


さらに、このとき施設周辺だけで、１００匹くらいいた猫たちのご飯を用意する高原さんは、威勢よく、パッカパッカと缶詰を開けていく。

「ものすごい量ですね」

「うん、ドライフードと缶詰を３種類くらいあげてるんだ。１日３食だから大変だよ～」

はっ？　１日３食!?

さらに、お昼ご飯の器を下げてきた高原さんが、たくさんの数の器に残っていた缶詰やドライフードをバケツに入れていく。その量はバケツの５分の１くらいにもなった。

「ずいぶん余りますね。それ、どうするんですか？」

「あ、捨てるよ。猫は気まぐれだからね～」

悪気もなくそういう高原さんは、１日３回の毎食、そのくらいのロスを捨てていた。保護施設でそんなにロスが出るなんて、私には考えられない。１日３食、数種類の山盛りご飯をあげていたら、そりゃあ、猫だって残すだろう。

愛さんが「ご飯は、朝夕の2食にしてほしい。無駄の出ないよう量を調整してほしい」と伝えても、猫のエサやりだけが楽しみな高原さんは「猫は気まぐれだからね〜」と、愛さんが仕事でいない日中、相変わらず毎食かなりな量の無駄を出していた。施設では、後述する諸事情があり、高原さんにフードの量を決めて渡す、ということができなかったのである。

そんな高原さんが河川敷に流れてきたのは、私が関わる4〜5年前。ホームレス集落から離れた、奥まった藪の中に自分で小屋を建てて暮らし始めたという。

そんな高原さんが愛さんと知り合ったのは、自分で面倒を見ている猫の具合が悪いと、施設に相談にきたのがきっかけだった。

そのころの愛さんは施設維持のため、早朝から深夜まで働き尽くめ。日中は無人になる施設の犬猫の心配もあり、しばらく高原さんの人となりを見てから、施設の作業をお願いすることにした。いろいろ困ったことはある人にせよ、猫に対しては愛情深く信頼できる。

施設での作業は、ご飯配り、掃除、トイレの処理、洗いもの、灯油ストーブの管理、フードや必要品の買い物、動物病院通い、投薬、犬の散歩など、やることは山ほどある。

高原さんは愛さんから月に15万の給料をもらって、施設の手伝いを始めた。愛さんが言うには「早朝から夜遅くまで施設にいてくれて、1日5000円だし」と言っていたが、「10万が妥当だと思います」と私が力説し、1年後に10万になった。高原さんにはとても申し訳ないが、愛さんはこのとき、犬猫合わせて140頭くらいを自費で保護してたのだから。

忙しい毎日だが、大好きな猫の世話をしながら施設を手伝っていたこのころが、高原さんの人生の中で、とても幸せな時間だったのではないかと思う。

しかしその作業風景を柱の陰から〝家政婦は見た〟状態でのぞいていると、ご飯を勝手に1日3食あげたり、缶詰を豪快に開けて無駄にしたり、必要のない子まですぐに病院、病院！　と騒いだり。全てが愛さんの支払いだからと、とんでもない金銭感覚を発揮していた。

どうも高原さんは、猫たちにご飯をあげることには情熱を燃やすのだが、周囲との関係性や猫の食事と病気の関係には無頓着、というアンバランスさを持っていた。

私が関わってからも、「みそかは腎臓が悪いので、カツオ節とかはあげないでくださいね。塩分をとると、一気に病気が悪くなるんですよ」「ブーケは処方食なので、それ以外あげないでくださいね」とお願いしても、高原さんは猫の体調優先ではなく、いつも自分のあげたいものを、あげたいだけ与えてしまう。そして、

「愛さんなんてどうでもいいんだよ。金だけ稼いできてくれればいいんだ。オレだって金さえ稼げれば、ここの施設ができるんだけど」

こんなことをよく、彼はハッキリと言っていた。

金さえ稼げれば？　それは世間的には一番難しいとされることであり、関わる人の協力態勢が継続のカギとなるこのような保護施設は、お金があるだけで運営できるわけではない。そして、どんな思いや言い分があるにせよ、一緒に保護活動をやっている相手が、具合が悪くて苦しんでいるのに、「あの人はどうでもいい」などという言葉を聞かされるのは、とても不愉快だった。

ある日、ホームレスの小林さんが、「トラの様子がおかしい」と、自分で面倒を見ている猫を施設に連れて来たときも、

「いつから食べないの？　なんですぐ連れて来ないの？　あんたなんか死んでもいいけど、猫がかわいそうだろう！」

と、そんなことを平気で言い、猫をひったくり、人を突き放す。

猫の状況に関しては確かにそうなのだが、こんなことを人に言ってはいけない。

私はそのようなことがあるたびに、そのホームレスさんを訪ねていって、おわびのフォローに苦心した。

「小林さん、高原さんがいやな言い方してごめんね」

「こんどあんなこと言われたら、ぶん殴ってやるよ」

涙目で悔しそうな小林さん。そうね、そう思うよねぇ。河川敷に住んでて、「お前なんか死んでもいい」は心に刺さるよねぇ……。

「トラも大事ですけど、小林さんの身体も大事ですよ。今度トラがご飯を食べなかったら、すぐに連れてきてくださいね。一緒に様子をみましょうよ。小林さんがいてくれないと、いつものトラの様子が分からないもの。小林さんにしかトラの様子を聞けないもの。頼りにしてるんですよ。どうぞよろしくお願いします」と、頭を下げる。

どんな些細な事でも、「あなたがいないと困る」「あなたを頼りにしている」「一緒にやりましょう」そんなふうに言葉を添えて頭を下げることが、ここ河川敷では少なくない自殺や、投げやりな行為の防止になると私は思っていた。

別に高尚な考えからやっていたことではなく、単に「あんたなんか死んでもいいけど」なんて自分が言われたらすごくつらいし、そのまま聞き逃すのは自分の気分が悪いから。

人が発する言葉は、同時に自分が自分に向けて発する言葉でもある、と心理学は説く。

現に高原さんは「オレなんてどうなってもいいけど、面倒見ている猫だけは……」と、よく言っていた。

「あんたなんか死んでもいい」と、高原さんが人に投げつけた言葉は、彼が人生の中で誰かに言われた言葉なのだろうか。自分自身が自分に言ってきた言葉なのだろうか。

高原さんは、早朝5時くらいに施設に出勤し（ちなみに愛さんは4時起き）通常5〜6時間で終わる作業をなんと、たいていは夜の7時半〜8時くらいまでして、一日中施設にいた。

「作業の合間に缶集めにも行ってるし、猫と遊びながらやってるからね」

そう言いながら猫をかまう高原さんは、いつも幸せそうに笑う。

高原さんは施設の作業を終えた後、毎日、閉店間近のスーパーに行って、猫たちに大量の特売・割引の刺身を買ってきていた。

1日3食の上、刺身までつけるのだ。そんなことをしていたら、せっかく十分な給料をもらっていても、すぐになくなってしまうだろう。愛さんの施設だって、いつまで続けられるか分からないのだから。

ある日、高原さんに「貯金とかしてる？」と聞いたら、「それができたら、ホームレスしてないよぉ〜」と、至極まっとうな返事だった。

そんな調子だから、一般のエサやりさんがやっている場所にも割り込んで、刺身のご飯を置きに行く。当然、猫たちはドライフードだけよりも、刺身がのる缶詰のほうに群がってしまう。すると一般のエサやりさんのほうが、エサやりを止めてしまうのだ。さらに、どこにでもご飯を置くから、周辺住民ともよくトラブルを起こしていた。

それを知るたびに愛さんは、

「高原さん、一般のエサやりさんがいる場所に、食い込んでいったらいけない。高原さんはホームレスなんだから、世話をしてくれる人がいる場所なら、その人に任せないと……」

と、何度も言って聞かせていたが、高原さんはまったく意にかえさず、どんどんとご飯をあげる猫を増やして、一番多いときで施設以外に二十数匹の猫の面倒をみていた。もちろん、猫たちの具合が悪くなったら施設に連れてきて、愛さんの支払いで、私が病院に連れて行く、というシステムになってしまっていた。

そんな困った高原さんだったが、こと猫への愛情に対しては、誰よりも信用ができた。

ある年、超大型の台風が河川敷を直撃。愛さんと高原さんは一緒にビショビショになりながら、河川敷から猫を1匹1匹捕まえてケージに入れ、安全な土手の上に避難させ続けていた。

「くるみはいたかぁ!?」

「くるみはさっきケージに入れました。うちのゆずがいないんです」

「こばんとミーコは?」

「こばんはいたけど、ミーコがいない！」

轟々と音をたて、荒れ狂う風と大雨、勢いを増して増水する川。川の水はどんどんと河川敷の河原に流れこんでくる。早く避難しないと、河川敷自体が濁流に飲み込まれる。

そんなとき､貯蔵能力を越えた○○ダムの放流が始まった！　すると濁流が河川敷に流れ込み、河原は一気に荒れ狂う川となった。

基礎打ちをしていないホームレス小屋が一つ、また一つと流されていく。

「うわぁーー！」愛さんの悲鳴の先には、焼酎のペットボトルにしがみついた猫が、ものすごい勢いで流されていくのが見えた。

さらに、濁流に流されて行く、水没寸前のホームレス小屋の屋根に、必死にしがみついて「ニャァーー！　ニャァーー！！」と泣き叫んでいるのは、村瀬さんのちゃこだった。

「ちゃこぉーーー！」

村瀬さんが橋の上から泣き叫ぶ。

そんな恐慌状態の中､高原さんはパニックになって､高い木に登って降りられなくなってしまった河川敷の猫・小次郎を追い、木のてっぺんまで登っていた。

「小次郎～！　小次郎、大丈夫だ！　飛び降りるなよ。下は濁流だからな。いい子だ。こっちに来い！　小次郎、こっちに……」

そう手を伸ばしていたら、バリバリバリバリーーー、突然のものすごい突風に、木から振り落とされそうになった。

必死に小次郎に手を伸ばしている高原さんを、土手から自衛隊が見つけて、救助を求めて手を振っていると思って、救助のヘリコプターが飛んできたのだ。

ホバリングする（その場にとどまる）ヘリの突風で、木が大きく揺らされ、必死でしがみついている小次郎が振り落とされそうになる。下は地面ではなく濁流だ。高原さんが、

「こっちに来るなぁーー！　あっちに行ってくれーー！」

と叫びながら、シッシッ！　とヘリを追い払うように手を振る。だがヘリからは、生い茂った葉で小さな猫の姿は見えず、人間が助けを求めて手を振っていると思い、そこにとどまり続けてたいへんな騒ぎに……。

この映像は全国に流れ、実は私もこの映像は記憶にあった。

《逃げ遅れた人をヘリが救出しています》――そんなテロップだったように思う。たいへんな騒ぎになっていたのだ。

実情が分かったら、美談となるのか？　避難もせず勝手なことして！　と叩かれるのか？

菅野さんと猫の小六《ころく》が住む小屋で大火事になったときも、真っ先に施設から消火器を持ってき

小屋の入り口でくつろぐ小次郎

て、消防署より早く消火活動をしてくれたのも、高原さんだった。
とにかく、あまり頼りになる人がいない河川敷で、高原さんはこと猫に関しては、ものすごく頼りになり、いろいろな場面で助けてもらったのもまた事実。

迷惑をかけられたり、また時には助けられたりと、河川敷の猫たちの保護活動は、こうしてそこの地に住むホームレスさんたちの協力がなければ、できないことでもあった。

「人は嫌い」「うまく付き合えない」「人間関係はめんどくさいし、分からない」そんなことをよく言っていた高原さんだが、徐々に一般のエサやりさんと交流を持ち、なんと！　その交流相手が見つけた子猫やケガをした猫まで、引き取ったりもしていたようだった。

子猫は中途半端に大きくしてしまうこともあれば、愛さんの施設に持ってくることもあった。ケガをした猫などは、問答無用で施設に連れてくる。そのたびに、

「愛さんはこれ以上できないですよ。あれだけ発作を起こしているのを、高原さんも見ているでしょう。お金だってもう限界なんですよ」

と、いつも訴えるのだが。どうにもホームレスたちは、どんなに訴えても、自分が見つけてしまった猫ならまだしも、時に一般の人から引き取った猫まで連れてくるのには、本当に、ほんと～～に困り果てた。


そんな彼との会話で印象的だったのが、ホームレスさんのケガした猫を病院に連れていくために、私が早朝、河川敷に行ったときのこと。

ある老ホームレスさんがグラウンドの水道を使い、全裸で身体を拭いていた。

ぷらんぷらーん
（ぎゃあぁぁーーーー！！）

心の悲鳴である。あ、朝っぱらから、一気に人生が嫌になることに遭遇。

ガックリと肩を落としながら施設に行き、高原さんに事情を話すと、

「へぇ～、良かったじゃん。ラッキーだね！」と、想定外のお言葉。

「えっ⁉　なんで？　なんでラッキーなの？」と聞くと、

「異性の裸って、見れたら嬉しいじゃん。オレだったら女の人の裸見れたらラッキー♪　って思うよ。妙玄さん、ラッキーだったね！」

高原さんは本気で言っているのだった。

さらにもう肌寒い10月末の台風直撃の日。愛さんと高原さんと3人で、ダダ漏れに雨漏りがする施設の屋根や壁、雨で水たまりになっている犬小屋など、老朽化が激しい施設の養生や、とりあえずの防水処理をやり終えた。嵐の中、私がビショビショになりながら、お弁当を買ってきて高原さんに、

「お疲れさまぁ。ご飯食べてください。あ～、パンツまでビショビショだわぁ～」と言ったら、

「へー、ビショビショなの？　よかった、よかった！」と、まさかの返し。

もうもう、予測不能の事態にぼーぜん。その場で何か言うと、怒りの言葉になってしまいそうだったから、何とか言葉を飲み込む。

3日後に、「あのとき、ビショビショで～って言ったら、よかった、よかったって言われて、私、つらかったぁ」と言ったら、高原さんはものすごくビックリして、「つらかったの？」と聞き返すではないか。「うん、濡れてて寒かったのに、よかったね、と言われてつらかった」と、なる

べく分かりやすく、状況も交えて、自分の考えでなく気持ちを伝えた。すると、「つらかったんだ。ごめんね」と言ってくれ、「オレ、そういうの分からなくて……」と言う。

ああそうか、この人は癇《かん》に障《さわ》ることや、一気に脱力することを言うし、人としてありえないような不作法なことを言うけど、悪意があってわざと言っているのではなく、それがどういう意味で、どんなふうに相手を傷つけるか〝分からなかった〟んだ。投げつけられた言葉がチャラになるわけではないが、そのような心理的背景が分かると、怒りでなく、許したいと思うようになる。

相手のことを許してあげようという、えらそうなことではなく、相手を理解する努力をすることで、自分自身の怒りを手放すことができるのだと私は思う。

高原さんは、おやじギャグが得意？　で、よく脱力系のギャグを披露し、疲れている私をもっと疲労させていた。私はこのおやじギャグが大嫌いだったのだが、

「わぁー、うまい！　座布団、座布団1枚！」

「山田く〜ん！　座布団、全部とっちゃって！」

とか、彼の掛け合いに付き合っていた。

「あのね〜、ほかに人に言うと嫌がられるんだけど、妙玄さん返してくれるから、いいね〜〜」

と、高原さんは上機嫌。そうか、よかった……。

私は河川敷で、「自分の意見や考えを言う」「正しさを主張する」「分かってもらおうと努力する」という〝押しのコミュニケーション〟ではなく、「相手が言いたいことを聴く」「分かろうと努力する」「相手の言葉の裏に隠された気持ちをくむ」という〝引きのコミュニケーション〟を教わった。

これが実践として体感できたのは、僧侶として、またカウンセラーとして大きな収穫である。

〝情けは人のためならず〟昔の人は、本当に的を射ていることをいう。人の助けになったら自分が救われた。物事はやったように返ってくる。

〝人は嫌い〟〝うまく付き合えない〟というのは、高原さんだけでなく、ほかのホームレスも同様だ。しかし、正確には彼らは人が嫌いなのではなく、自分を傷つける人が嫌いなのであって、自分を傷つけない人は好きなのだ。

確かに、ホームレスさんたちはみな、コミュニケーション不全を抱えていた。うまく付き合えないけれど、うまく付き合ってくれる人は好きなのである。

人は幼少期に親から甘え方を学ぶ。幼いころは親が上手に自分に合わせてくれたり、叱られても心が殺されるようなことがない、安心して感情を表現したり、思ったことを言える。正常に機能している家庭は、幼子にとってそんな安心・安全の場所である。そんな安心・安全な還《かえ》る場所があるから、成長期に傷ついても人生を否定することなく、人は自分の人生でチャレンジし、幸せになろうと努力する。しかし私たちは、安心・安全な場所がないと、怖くて傷つけなくなってしまう。

私たちは傷ついたら、傷を癒す場所が必要なのだ。傷を癒す場所がないと、人は傷つくことを恐れるようになる。そして自分の感情を封印した人間は、人の傷にも無頓着になっていく。

ホームレスさんたちは、みな人生で傷だけついて、癒してこなかったんだろうなぁ、そんなふうに私には見えた。

一度、社会からドロップアウトすると、社会復帰が難しい。

それは、楽で安易なほうに流されるという一面もあるが、それ以上に、世間が一般人とホームレスをあきらかに分けて差別する、という実情があるからではないかと思う。

ホームレスたちは生計を立てるために、アルミ缶を集めて売っている人が多い。そこで自転車は必需品。だが、盗難自転車ではないかと、本当によくお巡りさんに停められる。

また、一般の人がおとがめなしで済む河川敷でのケンカも、ホームレスだと警察に引っ張られる。乱闘事件も、一般人なら殴っただけで傷害罪だが、殴られた相手がホームレスだと、お巡りさんもあまり事件にしたくなさそうであった。実際、酔っぱらった若い子に、老ホームレスがからまれて殴られたので警察を呼んだが、逃げていく子を追いかけてはくれない。そんなことも目の当たりにもした。

警察の事情も分かるのだが、一度ホームレスになると、そういうふうに世間から扱われ、そうして荒み、負のスパイラルはどんどんと下降していく。

彼らホームレスは、とんでもない事件や問題も起こすのだが、一方で傷つきやすく、自分が言いたいこともうまく言えない。姿はおやじなのだが、心は幼子のそれを持ったまま。私にはそう見えた。だから、「オレのことはどうでもいいけど、面倒みている猫のことだけは……」それが口癖の高原さんに、私はいちいち言っていた。

「ゆずやゆたんぽ（高原さんの猫）も大事だけど、高原さんのことも大切。高原さんがいないと猫だって生きていけないですよ。猫たちは高原さんが頼りです。だから、猫も高原さんもどっちも大事、どっちも大切。**どっちかではなく、どっちもいい方法を考えましょう**」

はじめはその言葉にポカンとしていた彼だったが、何年もしつこく言っていたら、それを言うといつしか、はにかみながら笑うようになってくれた。

同時に「オレのことはどうでもいい」と言わなくなり、ほかのホームレスに対しても「あんたなんか死んでもいいけど」とか「愛さんなんてどうでもいいけど」と言わなくなった。

さらに驚いたことに、年を重ねるごとに「最近、愛さんの体調はどう？」「愛さんには元気でいてもらわないと困るから、オレがやっとくよ」そんなふうに言ってくれるようになったのだ。

人は自分が大切にされ、また、自分が自分を大切にしないと、他者のことも大切にはできない。

我は大切にされている、という思いがないと、他者を大切にできないのだ。

このような人の成長に関われるときは、本当に人っていいなぁ、と感慨深い。

人との関わりを、あきらめてはいけないと思うのだ。そんなふうに変わることが成長であるならば、変われない人はいない、変えようとしない状況があるだけだ。


彼らホームレスも、人嫌いを公言しながら、自分を傷つけないという安全な相手ならば、ものすごくよくしゃべる！　人は自分のことを分かってもらいたい、としゃべるのだ。

「ねぇ、見て！　きょうの河川敷の夕日すごいよ！　オレンジだよ」

「ピースがまた下痢してるよ」

人はそんなたわいもない会話ができる相手がいないと、生きていく力を失っていく。

ホームレスたちはその安全な存在を、人ではなく猫に求めているのではないかと思う。河川敷の猫たちが、ホームレスたちが生きていくための心の支えになっているのだから、いくら「エサやりの猫を増やしちゃダメ！」「もうこれ以上保護できないですよ！」と言っても、ダメなのだ。お互い、猫に関わる目的が違うのだから……。

そんなこんなで、じわじわ、どんどんと愛さんの施設の保護猫は増えていくのだった。

そうはいっても、愛さんや私はホームレスの更生のために、動物保護活動をしているわけではないので、事情を熟知しながらも、「もう猫を持ちこまないでぇ〜！」と言い続けていた。どんなに言っても持ちこまれるのだが……。

高原さんの心情に少し変化があったころ、高原さんは自分で見つけた、または一般のエサやりさんから引き取った子猫を施設に持ちこまず、自分の小屋の周辺でエサやりをするようになった。「愛さんのとこに持ちこんだら悪いから、悪くて言えない」という心理は、相手をおもんぱかるという良い心境の変化なのだが。しかし、不妊しないで、愛さんに隠してエサやりをするもんだから、子猫が生まれ結局は愛さんや、里親会に連れて行ってくださるマリアMさんに、すごい負担と迷惑をかけ、怒られるハメになっていた。

やることが空回りというより、やること自体が物事をより深刻にややこしくさせるのは、これまた彼らホームレスの共通項であった。

愛さんに散々怒られてもノド元過ぎると、また高原さんの小屋の周りには、見知らぬ幼猫がうろちょろしている。

河川敷で幼猫にまで成長した猫は、もうほとんどの場合、里子に行けない。懐かず、人間を見ると逃げる。この行為は野良さんとしては適切なのだが、おうちの子には不適切。猫好きな人がそういう子を自分で見つけてしまったのならばまだしも、懐かず寄ってこない子を、里親会でわざわざ里子に選んでくれる人は、まずいない。

「高原さん、あの白黒の子……」そう言いかけると、「オレじゃないよ！　流れてきたんだ。ちっちゃいときに流れてきたんだよ！」

そんなちっちゃいときからいたのなら、ますます捕まえてないとダメだろう……。

「高原さん、捕獲器お貸しするので、あの子捕まえよう。女の子だから妊娠しないうちに捕まえないと」

高原さんは「うん」と言うものの、あまり気乗りがしない様子。このままでいいじゃん、そんな感じがありあり。

案の定、高原さんは形だけ捕獲器を置くのだが、その周辺に、不妊手術済みのほかの猫のご飯を置いているものだから、肝心の猫は入ってくれない。

白黒のほかにもメスが数匹いるようだから、早く捕獲しないと赤ちゃんができてしまう……。

保護活動をしていると、妊娠している猫の不妊手術もやらざるを得ないときもある。人により考え方はそれぞれだが、河川敷では7～8匹の猫のグループを捕獲・手術しないとならない場合もあり、メスが3～4匹いて、みんなが妊娠していたら、母猫4匹から20匹前後の子猫が生まれる。

春から夏の子猫シーズンは、里親会にも70匹以上の子猫が出る。そんな倍率の中、20匹の里親さんを見つけるなんて果てしもないことだ。

私の活動はあくまでも無償のボランティアであり、本当につらい堕胎はやりたくない。だが、せざるを得なくなり、堕胎のたびに観音様に祈り、泣く。ここ河川敷ではそんなことの繰り返しだ。

とにかく、子猫が生まれてしまうと、作業もお金も数倍かかり、心も落ち込む。

生まれた子猫は病気がなければ、なんとかして里親さんを探す努力をする。

そんな事情を高原さんも熟知しているはずなのに、いつまでも捕獲してこない。

「高原さん、1日くらいはほかの猫に少し我慢してもらって、ご飯あげないで捕獲器かけないと、いつまでたっても捕まらないですよ」と言っても、

「ほかの猫がかわいそうだからね～」と柳に風。

しばらく待ったが現状が変わらないので、私が捕獲器をかけると、私がいない間に捕獲器のま

わりにご飯を置いてしまう。

この人は本当に「猫のエサやりだけが命」なのだ。

しかし、河川敷でそんなことをしたら、1年後には100匹以上になってしまう。

困り果てた愛さんは、高原さんに、

「不妊しないでエサやりを続けたいなら、施設をやめてほしい。そして今後、高原さんの猫の面倒は一切見ない。子猫が生まれたら自分で何とかしてくれ」

と告げた。その言葉に慌てた高原さんは、翌日3匹の猫を捕獲してきた。

「すぐ捕獲できましたね」と言うと、「うん、オレには触らせるからね～」と言うではないか。

えっ!?　さわれたの？

高原さんはこういう、なまくらボディーブローをよく繰り出す。クリーンヒットのカウンターパンチではなく、お腹をボコボコ打たれ続けると、不快な感じでダメージがたまっていく。

いやぁ～な会話パターンが、じわじわと心に澱《おり》となっていく。

こうなると、戦うべき相手は高原さんではなく、自分自身だ。

やりかえしたい自分。怒鳴りつけたい自分。自分の大変さを力説したい自分。正論で相手を否定したい自分。相手の考えでなく、自分のやり方を押し付けたい自分。高原さんといると、いつもそんな自分との戦いになる。

愛さんから解雇勧告を受け、慌てて猫を捕獲してきた高原さん。その猫たちは触れたのに、ずるずると大きくしてしまった子たちだった。

お腹が大きい気がする……。すぐに病院に連れて行く。どうか妊娠していませんように。どうか堕胎しないで済みますように。

その願いもむなしく、3匹ともメスで、3匹ともお腹に赤ちゃんがいた。ガックリと膝をつく。

ああ……、ごめんね、ごめんね。3匹の猫が子供を産むと、15匹くらいの子供が生まれる。それは産ませてあげられない。人間側の勝手な都合なんだけど。ごめんね、ごめんね。

施設に帰る車の中で大泣きする。こんなときは、私たち人間の身勝手と、高原さんへの怒りで心がどんどんどす黒くなる。

どうしよう、このまま施設に帰ったら、高原さんを怒鳴っちゃう。

怒鳴っても怒りをぶつけてもいいのだ。いいのだが、それをしても問題は解決しない。けれど私は、今回のことを踏まえて、同じことを繰り返さないようにしたかった。

私は泣いている自分を利用して、ある作戦を考えた。

私は施設に戻り、私の帰りを待っていた高原さんの前で泣きだした。

「高原さん！　あの子たちね、みんな妊娠してたの。赤ちゃんいたの！　もう生まれる寸前で、ちゃんとした子猫だったんだよ。赤ちゃん、みんな堕胎したの。私たち、たくさんの赤ちゃんを殺したんだよ。たくさん赤ちゃん殺してきたの」

そう言って泣いた。作戦でもあったが、偽らざる気持ちでもあった。

高原さんを責めるのではなく、赤ちゃんを殺したという事実と、悲しいという私の感情を訴えたのだ。

高原さんに怒りをぶつけて責めていたら、彼も自分のいい訳や逆切れもしただろう。しかし、そのときの高原さんは、

「ごめんね。ごめんね、妙玄さん。さんざんお世話になっているのに、嫌なことさせてごめんね」

と言い、うつむいて涙をこぼした。

それからというもの彼は、流れの猫が自分の小屋や施設周辺に居つくたびに、すぐに相談に来て、必要ならば捕獲してきてくれた。

何年も解決しなかった問題が、相手を説得するのではなく、自分の対応を変えたら、いとも簡単に解決したのだった。

高原さんも変わったように、私もまた彼らホームレスを通して学び、ちょっぴりずつではあるが成長していけたように思う。

その後もいろいろな事件があるたびに、「こういうこと、一人でやってたら嫌になっちゃうよね。何かあったら、たとえ問題が解決しなくても、誰かと相談したり、自分の気持ちを話したりするだけでも、いいよね」と私が言うと、今までは「そお？」と言っていた彼が、「ほんとうだよ。一人ではできないよ！　いやになっちゃうよ！　誰かと話せたら楽になるよね」と、そう言うではないか。内心ものすごくビックリしたんだけど、「そうだよね〜」と共感の意を示した。

このような関係性に努力していたせいもあるのか、施設の不審者や不審火、建屋の修繕、猫の捕獲などさまざまな場面で高原さんに助けられた。

愛さんの施設と関わって6年、高原さんとも同じ年月の付き合いの中、彼が施設の手伝をしていたのは、2年くらいだった。

お互いが学び成長したといっても、いろいろなことが積み重なって、高原さんは愛さんと会う前の缶を集めて売るだけの生活に戻った。それでも愛さんは、

「高原さんの猫が病気になったら、連れて来てくれ。病院に連れて行くよ。でも高原さんはホームレスなんだ。少しずつエサやりの猫を減らさないと、結局は猫がかわいそうなことになるんだ」と、そんな言葉をかけ続けていた。

河川敷でたまに会う高原さんは元気そうだったが、

「最近ね、オレが世話をしている猫にご飯をあげていると、ほかの猫も寄ってくるの。今までは寄ってくる子に、どんどんあげていたんだけど、今は歯を食いしばってあげないんだ。欲しそうにしている子にあげないのは、つらいよぉ……」

と言う。猫のエサやり命の高原さんにしては、考えられない心境の変化だ。

そして、それは本当につらいことだと思う。しかし、ホームレスの身で、世話をする猫をどんどん増やすことは、最終的には増えた猫を放り出すことになる。愛さんの言葉通り、河川敷の猫たちには、ほかの一般の人がやっているエサやりの場所を、見つけてもらったほうがいいのだ。その一般の人とて、いつまでできるか分からないが、ホームレスという身でそれも協力者もなく、猫を数十匹も抱えることは、同時に破綻の恐怖も抱えて生きていくことになる。

ご飯のほか、不妊や治療と莫大なお金がかかるのだし、なにより本人がいつまでも、過酷な河川敷生活をしていけるのか分からないのだから。

しかし、そんな高原さんが世話をしている猫のほとんどは、一般の人が河川敷に捨てていった猫であることを忘れないでほしい。

3　無責任な野良猫ラプソディー

「すみません。愛さんいますか？」
「まだ、会社から戻っていませんよ。どうかしましたか？」
「猫の缶詰を、取りに来たんですけど」
「う、う、う、また……」

これがどういう会話かというと……。

河川敷の猫たちに、ごはんをあげているホームレスたちが、猫のごはんを買えないときに、愛さんは無料でフードを渡しているのだ。

人によりエサやりの数は違えども、一人3匹くらいから、多い人で12～13匹の猫のエサやりをしている。もちろん、ちゃんと数と個体を確認させ、不妊手術も愛さんがしている。

しかし、十数人が取りに来る缶詰の量は莫大な数で、ホームレスさんが缶詰を取りに来るたびに、私はキリキリと胃が痛んだ。

毎回、愛さんは現状を聞き、「小屋の前に捨てられて、ごはんを見つけられない猫なら仕方がないけど、それ以外は手を出すな。エサやりの場所を安易に増やすと、猫も集まってきてしまうんだから。俺はこれ以上フードは渡せんからな」

そう言うも、河川敷という場所柄に加え、一般の人から、うまくエサやりを押しつけられるホームレスもいて、配布されるフードの量はじりじりと増えていく。

ホームレスさんたちは、怖い人というよりも、流されやすく後先を考えない人、というタイプが圧倒的に多く、これも、彼らの共通点だと私は思う。

常識的で合理的、かつコストパフォーマンスを考えながら、物事を遂行したいまっとうな人は、憤死するような猫事情が河川敷にあった。

銭形さんも、河川敷の猫たちにエサやりを続ける一人。

70代前半で、背が高く、物腰が柔らかく、天然のスキンヘッドなホームレスさん。

ホームレス集落から外れた川沿いに、ベニヤとブルーシートで庭つきの小屋を作り、なんと12匹の猫のエサやりをしていた。

アルミ缶を集めてそれを売ることもしていたが、ご飯代に足りず、よく愛さんの施設にご飯をもらいに来ていた。

しかしながらこの銭形さん、何度も「ここは愛さん個人の収入だけでやっていて、このところ愛さんは体調が悪くて、これ以上猫を増やせない」といくら施設の状況を説明しても、「橋の下に猫が6匹いる」「ゴミ捨て場に、野良猫が3匹来ている」と、そんなことを言いに来ていた。

そのたびに愛さんに、「猫がいるからと安易にエサやりをするな！　俺が河川敷中の猫の面倒をみられるわけじゃないだろう！」と叱られていた。

そう言いつつ愛さんは、そんな話をされるたびに、大人猫ならば捕獲して不妊手術をし、耳にV字のカットを入れ（不妊済みの合図）元の場所に放す、ということもずっと続けていた。

それから1年ほどたったころ、銭形さんに胃がんが見つかった。愛さんの手配で医療福祉を受けることになり、かなりの大手術をして長期の入院。

銭形さんから状態が安定したという電話があり、病院にお見舞いに行くと、とても元気そう。

「元気そうだな」そういう愛さんに、

「愛さん！　ここでは若くてきれいな看護婦さんが、体を拭いてくれたり、面倒みてくれるんですよ。まるでスナックみたいです」

と、顔を赤らめるではないか。

はっ⁉　ス、スナック……。看護婦さんのお尻とか、さわっていないといいけどなぁ……。

銭形さんが退院後、数か月したある日。

施設に行くと、かなり遠くから愛さんの怒鳴り声が聞こえた。

ちらりとのぞくと銭形さんの姿が見えた。銭形さんの足元のケージには、まだ大人になっていないくらいの白黒の猫がいた。いったい何事⁉

怒りに震える愛さんの言動から、どうやら、銭形さんはかなり前に子猫を2匹拾い、自分のアパートの中で隠れて飼っていた。その猫がオス・メスだったので、メス猫が妊娠してしまい、困り果てて自分が妊娠させたメス猫を持ってきた、という話らしい。


はぁ。こりゃ怒るよ、愛さん。

「だいたい、あんたはアパートに閉じ込めた、この猫たちをどうするつもりだったのか！」

「自分がアパートで飼います。自分が死んだら、引き取ってくれるという、一般人のエサやりおばさんもいるんです」

「あんたな！　あんたらは、人様の金で生活保護を受けて、入院も手術もして、アパートも用意してもらって、金ももらってるんだよ！　河川敷に小屋もあって、銭形さんはホームレスなんだよ！　そのおばさんは、この子たちが生きる10年15年先でも、引き取ってくれるのか？　ただの立ち話だろう。引き取ってくれるなら、今すぐ引き取ってもらえ！　今、できないで、10年後にできるはずがないだろう。この子たちはそれ以上生きるんだ。それに、福祉を受けている人間は、ペットを飼えない規則を知ってるだろう！」

するとよせばいいのに銭形さんが、

「子猫のときゴミ捨て場でうずくまっていて、連れてきたら寝てるときに顔なめにきて、かわいくてかわいくて、愛さんに言わなきゃと思っていたんですが、かわいくて言えなくて……」と言って涙ぐむ。

「かわいい、かわいいって、子猫のうちなら里子にも行けたのに、あんたの身勝手でこの子たちは閉じ込められて、もうこんなに大きくなってしまって、子供までできて堕胎させるんだぞ！　責任とれないくせに、勝手なことするんじゃない！　あんたはホームレスなんだよ！　飼えないんだよ！　この子たちの20年ど

う面倒みるんだ！　生涯面倒みれないくせに手を出すな！」
激高する愛さんに、「すみません。すみません」と平謝りの銭形さん。
「銭形さん、俺に隠れてエサやりの猫ふやしてるだろう。もうあちこちのエサやりやめて、一般の人に渡せよ。自分の力じゃできないんだから。子猫のときから家で飼われたら、もう野良に戻れないんだ！　中途半端に大きくして人にも懐かず、里子にも行けない。無責任だろう！　結局は猫がかわいそうなことになるんだ！」
この銭形さんのように猫に愛情があり、何年も捨て猫の世話をしている人でさえ、こうである。

彼らの思考は共通だ。「いざとなったら、愛さんがいる」。口ではなんと言っても、最後は丸投げの確信犯なのだと私は思う。

その後、もう大きくなったオスの黒猫をとぼとぼとアパートから連れてきて、名残惜しそうに語りかける。「とと、元気でな。ごめんな」と涙ぐむ。しかし銭形さんは一時の感傷で済むが、このととは、凶暴ではないが人に懐いておらず、愛さんがこの子を一生、抱えることになるだろう。

「銭形さん、もうこんなことしちゃダメですよ。結局はこの子たちがかわいそうなことに……」そう言うと、「そうですね……、はい」と力なくうつむいた。

愛さんはこんなとき、わざと大げさにヒールを買って出る。

「あんたはホームレスなんだよ！」

わざとこんなセリフを大声で言う。

そうでもしないと、彼らはどんどん常軌を逸する言動や行動に走る。

そんな彼らだから、家族を泣かせ、職場から逃げ、友人を裏切り、世間から逃れるように河川敷に流れ着いたのだ。

それからしばらくして、「妙玄さん！」との声に振り向くと、銭形さんだった。

「わぁ！　すごくお久しぶりです。体調はどうですか？」

「絶好調です。胃ガンの転移も再発もありません」

にこやかに笑う銭形さんは、日焼けした肌が健康そうだった。

「猫ね、今は外の子のエサやりはやっていません。あと、フードを分けてくれるエサやりおばさんとも出会ったんで、今はその人からもらっています」

まぁ、そのような関係はいつまで続くか分からないが、

「そんないい方とお知り合いになれたなら、長く応援していただけるように、大事にお付き合いしてくださいね」

と声をかける。

喉元過ぎれば……、の彼らなので、またじわじわと世話する猫が増えるかもしれないが、人生の選択は本人が決めるもの。まだしばらく銭形さんは、このような生活を続けていくのであろう。

End

伝説のボス猫と愛しき男たち

〈第四話〉

天に唾を吐くように
猫を捨てる人もいるが、
愛さんやひかるさんのように、
自分の人生や文字通り命をかけて、
捨てられた猫を助けようとする
人間がいるのも、 また事実だった。

【くろべぇとひかるさん】

私が愛さんの施設を手伝い始めたころ、施設の庭には、いつも静かに日なたぼっこをしている、やせた白黒猫がいた。

彼はかなり年をとっているらしく、なでると背骨がごつごつと手のひらにあたる。動作も緩慢で、立ち上がると頭が右にかしいでいた。そして、おぼつかない足取りで一歩、また一歩と歩いていく。病気なのかな？　そう思っているとふいに、後ろから「くろべぇは脳梗塞なんだ」と愛さんが言った。

のちに地域を巻き込んでの感動秘話を残した、施設の5代目ボス・くろべぇの話をしたいと思う。

時は二十数年も昔にさかのぼる。

新潟県出身の大林ひかるさんは15歳のときから、神奈川の某工場に勤めていた。とても生真面目な男で、40年ほとんど欠勤がなかったという。

その工場裏には、いつの間にか6匹の野良さんがご飯をもらいに通い始め、誰かが小さな小屋を作り、また誰かが毛布を入れ、猫好きな社員が入れ替わり、通ってくる野良さんの世話をするようになった。6匹の野良たちは、すっかりと工場の猫になり、その中に、くろべぇがいた。

ひかるさんが55歳のときに、工場が倒産。売却が決まったのである。

みなが自分の身の振り方にやっきになっているころ、ひかるさんは行き場を失った6匹の猫たちを、自分が一人で住むアパートに連れて帰った。

もちろんペット可な訳ではなく、日ごろ外での野良生活に慣れていた6匹は、安普請《やすぶしん》の部屋の中で運動会状態。当然、苦情が殺到して、退去を余儀なくされたのは、仕方のないことだったのだろう。

6匹の猫を抱えて住居を失ったひかるさんは、不動産屋をあたるも、中高年の独身男性で身よりもなく、6匹の猫も一緒に入居ができるという物件は皆無だった。

困り果てた彼は、以前ひょんな拍子で知り合いになった、当時河川敷でホームレス生活をしていた林田という知人を訪ねた。

ひかるさんの事情を聞いた林田さんは、

「ならば、ここ（河川敷）に小屋を建てて住みなよ」

と、拾い集めた廃材での小屋作りを手伝ってくれたという。今まで、まじめな勤め人だったひかるさんの、ホームレス生活の始まりである。

贅沢も賭け事もしなかった彼は、多少の蓄えはあったので、独り者の自分だけならば、新たにアパートを借り、再就職することもできたであろう。しかし、彼は6匹の野良猫たちを手放すことができず、猫たちと一緒にホームレスという道を選択したのだった。

河川敷の中でもあまり条件が良いとはいえない沼地に、ひかるさんは猫たちとの小屋を立てた。その隣には、16匹の猫と暮らす川口さんの小屋があった。川口さんは老齢のベテランホームレスで、彼が世話をしている猫は、一般人が捨てていった猫がどんどんと子供を産み、増えてしまったという。

不妊手術がされていない猫は、河川敷で交配しどんどんと増えてしまう。いくら猫を不憫に思っても、ホームレスさんたちはご飯をあげるのが精一杯で、不妊手術の知識もないしお金もない。かくして不憫に思い、ご飯をあげると猫が増えてしまい四苦八苦。16匹の世話をする川口さんもそんな一人だった。

川口さんは6匹の猫を抱えるひかるさんに、ホームレス生活の必需品をはじめ、水場やトイレの作り方、廃材の見つけ方、煮炊きの方法、大雨や台風対策など、河川敷で暮らす必要な情報をていねいに教えてくれた。

また、地域のアルミ缶を集めて、どこそこに売りに行くといいなど、ホームレス唯一の収入源の得方も教えてくれた。

元来がまじめなひかるさんは、川口さんから教わったアルミ缶集めを早朝から夕方まで、かなりの地域まで出向いて、必死に始めたのである。

6匹の猫たちのご飯代を稼ぐために。

そんなお父さんが働いている間、6匹の猫たちは、以前の工場裏よりも、圧倒的に住環境が良くなった河川敷生活を満喫。

人間には不自由を強いられる河川敷生活も、「飼い猫」にとっては、どこまでも走り回れる広い敷地と、狩りや日なたぼっこ、猫の習性を存分に発揮できる、ある種のパラダイスである。

そんなひかるさんが河川敷に連れてきたラッキーな猫の中には、くろべぇのほかに生まれつき肛門から腸が飛び出ているお母さん猫と、その体質を受け継いだ2匹の娘猫がいた。

このお母さん猫と、こばんとちえと名づけられた娘2匹は脱腸で、痛みはないものの四六時中、肛門から下痢便をポタポタ、ポタポタ垂れ流す。

ひかるさんの猫たちは朝のご飯を食べたあと、昼間はおのおの河川敷のお気に入りの場所で、気ままに過ごすが、夜になるとご飯を食べに小屋に戻り、一人と6匹、朝まで一緒に眠るのが日課だった。

かくして、ひかるさんの小屋はお母さん・こばん・ちえの垂れ流した下痢便がそこかしこに飛び散り、凄まじい悪臭の悲惨な状態になっていく。

それでもひかるさんは猫たちを外に追い出さず、小屋に入れ一緒に眠り、過ごしていた。

河川敷では、橋の下がホームレスの一等地であり、橋の下に居を構えるホームレス村は、建て増し・補修を続けて増殖し、小さな集落が形成されている。

そんな橋の下に捨てられ住みついた猫たちは、愛さんが全て自費で不妊手術をし、各ホームレスさんに、猫たちのごはんを渡してエサやりや管理を頼んでいた。

川口さんとひかるさんの小屋は、そんな橋から離れた川沿いの奥まった藪《やぶ》の中。

オスのくろべぇは、ひかるさんの小屋からしばしば橋の下まで遠征し、縄張りを広げていた。

まだ去勢もしていないくろべぇは、身体も顔も、ものすごく大きな、ザ・ボス猫といった堂々とした態度と風貌。くろべぇは、ホームレスがたむろする橋の下にもたびたび現れた。

はじめは、新参者のくろべぇにケンカを売る猫もいたそうだが、くろべぇはとにかく大きくて、飛びぬけてケンカも強かったという。

そのうちにくろべぇが橋の下に現れると、ほかの猫たちは散りぢりに逃げてしまったそうである。

「なにやら、すごい猫が現れた！」

そんな噂が愛さんの耳にも入り、愛さんが様子を見にやってきた。

ホームレスの話を聞き、ひかるさんの小屋を訪ねて行くと、そこには、ひかるさんの猫６匹と川口さんの猫16匹が、入り乱れているではないか。

その尋常ではない数と状況に、「いつからここにいるんだ?」「その猫たちはどうしてこんなにいるんだ?」など、早速二人から事情を聞き、愛さんが全ての猫の不妊手術をし、治療が必要な猫は病院で処置をしてもらった。

猫が縁でひかるさんの世話をした川口さんは、ひかるさんのくろべぇを通じて、愛さんに窮地を救われた。

「もう、このままどんどん増えていったら、どうしようと思って……」

くろべぇの存在は、猫を助けた二人の人間と、

21匹の猫たちの人生の助けになったのである。

くろべぇはひと目で「この子がホームレスが話していた猫か」と分かるほど、大きく立派な猫。

「お前、大きいなぁ……。強いんだってな」

愛さんが、くろべぇの大きな頭をなでると、目を細め、嬉しそうだったという。


ホームレス1年生のひかるさんは、要領がいい古株連中とは違い、慣れない缶集めに苦戦し、猫たちの日々のご飯代にも事欠いていたらしい。

そりゃあ、猫が6匹いたら、仕事を持っている私たちだって、ご飯代が大変だ。

愛さんがそんな状況を知り、自分たちの缶集めの収入で猫の世話を続ける二人に、猫たちのドライフードと缶詰を、定期的に施設まで取りにくるように言った。

しかし、ひかるさんも川口さんもとても遠慮深い人で、「全部の猫の手術と、病気の治療までしてもらっただけでもありがたいのに、その上、日々のご飯代までお世話になれない」と、なかなか取りに来ない。

そんな彼らだが、厳しい懐事情を知っている愛さんは、定期的に猫のご飯を届けに行っていた。

さらに1万円の現金をさりげなくしのばせて。

猫を捨てる人は猫をポン！　と河川敷に放せば、それでその猫との関わりは終わる。しかしその後、その猫は長い間放浪し、野良として生きるすべを身につけないと、野たれ死ぬことになる。運よく心優しい人と関われても、このように他人の人生に大きな負荷や負担をかけるのだ。

猫を捨てた人と捨てられた猫との関わりは、実は捨てたらそこで終わりではなく、その猫を拾った、愛さんやひかるさんたちが背負う負担の分が何倍にもなって、捨てた人の人生に跳ね返り、暗い影を落とす。本人には気づかれないような方法で、〝**やったように、還ってくる**〟。

そんな負のサイクルに気がつかず、人生につまずくたくさんの人を、私はカウンセリングの現場で知っていた。

そのように天に唾を吐くように猫を捨てる人もいるが、愛さんやひかるさんのように、自分の人生や文字通り命をかけて、捨てられた猫を助けようとする人間がいるのも、また事実だった。

特に愛さんは、ポケットに1万円しかなくても、ホームレスが泣きついてきたら、9千円を出す人である。

家族や親からも縁を切られた、そんな河川敷のホームレスたちにとって、愛さんは命の綱であった。最後の最後の綱。愛さんはホームレスたちに、自分たちのだらしなさを日々怒るのだが、そんな最後の最後の綱を切れなかったのだろう。

ひかるさんはそんな愛さんに、

「いつもありがとうございます。今は金がないけれど、来年になったら年金が入るのでお金をお返しします」

と、いつも気にしていたという。


かくしてくろべぇは、河川敷一帯のボス猫に君臨した。

くろべぇが縄張りを広げた辺りは、愛さんの施設の猫たちの行動範囲でもあった。施設のオス猫の大将や大きいピース、でんちゃんも身体が大きく怪力だったが、とてもくろべぇにはかなわず、くろべぇはどのオス猫からも一目置かれる存在であった。

くろべぇはケンカも強かったが、常にパトロールを怠らず、弱いオス猫や女子猫、小さな猫にはとても優しく、とにかく猫格（人格）が高く、猫望（人望）があった。本当に立派なボスらしいボスである。

大ボス・くろべぇがいたからこそ、河川敷の猫たちは小競り合いはあるものの、ケガをするような大きなケンカはなく秩序が保たれていた。

このあたりが、てんでんばらばらなホームレスと違うところで、ホームレスさんたちは、何か事件や小競り合いを起こすたびに、愛さんに「猫を見習え‼」と怒られていた。

くろべぇは1日のお勤めが終わると、ひかるさんの小屋に戻って一緒に眠り、英気を養い、また翌朝ご飯が済むと、颯爽とパトロールに出かけて行くのだった。

そんな日々が数年続いた。

ある夏の日、ひかるさんが施設にやってきて、「すみません、くろべぇが、変なんです」と言う。すぐに愛さんが見に行くと、くろべぇが身体を右に傾けて、グルグルと同じ場所で回っていた。そのまま病院に行くと脳梗塞という診断。

高いところに登ったり、知らない人も出入りする河川敷では（当たり前だが）危険なので、愛さんが施設のシェルターでくろべぇを預かるようになった。

シェルターの外の運動場は、くろべぇが足をとられないようにと雑草が刈られ、段差もなくされた。室内はより快適に、ケガがないようにと至るところに絨毯《じゅうたん》が張られて、木材の角が削られ、サークル内の寝室にはふかふかベッドが置かれた。

そんな居心地のいい部屋に入ったくろべぇだが、もうほとんど何も分かっていないようだった。

くろべぇを預かると同時に、愛さんは脱腸の下痢猫親子「お母さん・こばん・ちえ」も、施設のシェルターに引き取ることにした。

ちえたちの垂れ流しがあまりにすごく、ひかるさんの小屋全体が、まるで肥溜《こえだめ》のようになっていたから。遠慮するひかるさんに愛さんは、

「これじゃ、お前もつらすぎるだろう。施設の玄関はいつも開いているから、いつでもシェルターの中に入って、くろべぇやちえに会いに来い。それならいいだろ？」

と、言葉をそえる。

それから、ひんぱんに施設を訪ねるひかるさんの姿があった。

しかし、くろべぇは、もうそんなお父さんのことも分からなくなっていた。

その後も、ひかるさんは、残った2匹の猫とホームレス生活を続けていた。

それからしばらくたったある日、川口さんが施設を訪ねてきた。聞けばひかるさんが、猫を置いたまま小屋に帰って来ないという。缶集めのときに使う自転車もない。

「いつから自転車がないんだ？」と愛さんが聞くも、「いつかなぁ？　2〜3日前かなぁ？」と、川口さんの答えは要領を得ない。

基本的にホームレスさんたちは、同じホームレス仲間とはいえ、他人にあまり興味を持たないという、共通した一面も持っていた。

「猫を置いて、いなくなる奴じゃない！」

すぐに愛さんが、最寄りの警察署に問い合わせをする。こんな年恰好のホームレスの行き倒れはないか？　と。

このころは、まだ今のように「個人情報の守秘義務」が厳しくなかったので、第三者でも友人知人という関係ならば、そのような問い合わせもできたのだ（ちなみに現在は問い合わせても、家族でないと入院先や生存確認もできない）。

「該当する人物はいない」と言われ、とにかく何かあったら知らせてほしいと頼み、帰宅。その後も問い合わせてみたが、何の情報もなかった。

1週間ほどたって、刑事が愛さんを訪ねて来た。

「1週間前に、路上で自転車ごと行き倒れていた人物で、ホームレスだと思う。知らないか？」

と、遺体の写真を見せられた。

それは変わり果てた、ひかるさんの亡骸だった。

すぐにひかるさんの小屋に行き、刑事が家捜《やさが》しすると免許証が出てきて、身元の確認がなされた。これから身内を探すも、もう遺体は荼毘《だび》に付されている。

怒り心頭の愛さんは、このとき1週間前に問い合わせた警察と大ゲンカしたという。

確かに、役所や警察の関係者は、一般の人とホームレスという人間の扱いは、言葉遣いから何から明らかに違うなぁ、と感じることが私にも多々あった。

そんなひかるさんの遺骨は、亡くなっていた弟の息子夫婦（ひかるさんの甥《おい》）が引き取り、事情を聞いて、愛さんのところにお礼に来たという。

ホームレスが亡くなって身内に連絡がとれても、多くの場合は受け取りを拒否する。まぁ、彼らホームレスを見ているると、生前家族は、ものすごく迷惑をかけられたのだろうと推測される。

彼らは決まって「いつでも帰れるけど」「帰って来いって言われるけど」「家族がオレを探しているから、見つかるとまずい」そのようなことを言うが、実際は家族の縁を切られている人がほとんどだ。

遺骨の受け取りも拒否。そこには辛辣で散々な人生があるのだろう。

そんな中、甥っ子夫妻が遺骨を取りに来るなんて珍しい。ひかるさんの生前のまじめな人生が、垣間見えるようだった。

「おじが、まさか河川敷にいたとは思わなくて……。お世話になったそうで、ありがとうございます」

大きな菓子折とともに、深々と頭を下げた青年夫妻に愛さんが言う。

「おじさんは、すごくまじめな働きものだったんだ。自分だけだったら、ちゃんとアパートも借りて、普通の仕事にも就職しただろう。けど猫が6匹もいたから、仕方なく猫を連れて河川敷に住んだんだ。だから何も恥ずかしいことじゃないぞ。とてもまじめで優しいおじさんだったんだから」

その言葉は、若い青年夫妻の救いになったのではないだろうか。

愛さんと関わらなければ、ただの変わり者のホームレスとして処理された、ひかるさんの人生なのだから。

この一連の流れを考えると、くろべぇが脳梗塞になったから、くろべぇとちえたちは愛さんが施設で引き取り、その少しあとにひかるさんが突然亡くなった。愛さんがくろべぇを預かっていなかったら、ひかるさんがいなくなった後、脳梗塞で身体が不自由、色々わからなくなっているくろべぇもまた、行方不明になっていたかもしれないし、死んでしまったかもしれないのだ。まるで、何かがひかるさんの死期を悟っていたが如く、障害のある猫たちを避難させたのである。

そして、突然亡くなったとはいえ、ひかるさんは心を残すことなく逝けたのではないか。恩ある愛さんに、来年から支給され始める年金でお礼ができなかった、という思いはあったかもしれないが、愛さんという人が自分の猫を見てくれる。そんな確信があったのではないかと思う。

ペットより先に飼い主が死ぬ――。飼い主の逆縁は、残された犬猫たちにはつらい現実。しかし、自分の大切なものが、命がけで守ってきたものが、自分の死後に、信頼のできる人が自分に代わって面倒をみてくれる。

何も準備のない死だったとしても、私たちペットを愛する者にとって、それは決して不幸な逝き方ではないと私は思うのだ。

ましてや、どのような事情であれ、河川敷のホームレスに、さらにその猫に、ここまで心を寄せてくれる人間がいるなんて……。

聖職者たちでさえ手をださない、確かな救いがここ河川敷にあった。


【くろべぇと高原さん】


ひかるさん亡きあと、もうあまり歩けず、遠出ができなくなっていたくろべぇと、外に出たがって鳴くちぇたち下痢便親子を、愛さんはシェルターから出し、ほかの猫同様に内外フリーにさせた。

愛さんの施設は、車が通る場所までかなりの距離があるので、ほとんどの健康な猫たちは、施設と近くの河川敷を行き来し、さらに施設内の部屋にも入れるという自由な生活を送っている。

ちぇたち親子とくろべぇは、施設の庭で日がな一日を過ごし、夜になると自ら部屋の中に入ってきて、愛さんの布団で一緒に眠る、という日常を過ごし始めた。

長年連れ添ったお父さんを亡くした猫たちだが、くろべぇはもう状況が分からなくなっていたし、ちえたち親子も格段に良くなった食住環境に、すぐになじんだ様子。

猫たちの快適さとは裏腹に、愛さんの施設がちえたち親子の下痢まみれになったことは、触れないでおこう……。

またこのころは、施設の維持費を稼ぐため、早朝から深夜まで仕事でいない愛さんに代わって、河川敷に住むホームレス・猫のエサやり命の高原さんが、施設の手伝いにきていた。

猫の世話をしているとはいえ、ほとんどのホームレスは、きちんとした世話も責任ある飼い方もしない。自分が寂しいから一緒にいる。何かあったら愛さんに頼めばいい。そんな人が大半。

そんな中、高原さんだけはとにかく猫に対しての情熱が違う。

猫のエサやりに人生をかけている、と言っても過言ではない。

問題は「情熱があるのが猫にだけ」というところなのだが……。

それからのくろべぇは日中は高原さんに見守られながら、施設の庭でぐるぐる回りながらも、日なたぼっこをして過ごし、私が夕方くろべぇを抱き上げて室内に入れる。帰宅した愛さんになでられてまた眠りにつく。そんな生活がくろべぇのパターンになった。

私が知っているくろべぇは、脳梗塞を起こして2年くらいたち、シェルターから出てフリーの生活を始めたところだった。

「大きくて、強い大ボスだったんだ」

そんな愛さんの言葉が信じられないような、やせた身体にボソボソの毛、首を下げてグルグル回るか、静かに眠っている老猫だった。

施設を手伝い始めて初めての夏。河川敷は捨てられたり、野良さんが産んだりの子猫シーズンに突入。施設にどんどこ、どんどこ子猫が持ちこまれる。

授乳に排泄補助にお風呂に、保温、病院に投薬。1匹でも大変な赤ちゃん猫が数十匹！　その世話は、記憶がないほど過酷。しかし離乳後の〝猫界でのルール〟を教えることは、どんなに努力しても私たち人間にはできない。

施設のメス猫たちはみなキックてわがまま。オス猫たちはKY《ケーワイ》なビビリで、無駄に猫がたくさんいるのに、子猫の世話をしてくれたのが、なんとこのときは脳梗塞のくろべぇだけだった。

くろべぇの近くに子猫を連れていくと、驚くことにくろべぇは子猫をなめ、体によじ登られてもされるがままじっとし、さらに排泄をうながすよう肛門周辺もなめてくれた。

穏やかに過ごしていた脳梗塞の老猫に、元気いっぱいの子猫の世話を頼むのはかなり気がひけたが、私も手いっぱいだったので、背に腹は代えられない。

くろべぇはヨボヨボになりながら、入れ替わりやってくるたくさんの子猫の世話をしてくれた。

「いやぁ〜、くろべぇはすごいなぁ……」と高原さんも感心しきり。

子猫騒動も落ち着いた秋、

「くろべぇ、ありがとうな。お陰で子猫も里子に行けたから、これからはゆっくりしてくれな」

と言いながら、くろべぇのやせた背中を愛さんがなでていた。


それから少しして事件が起こった。

くろべぇがいなくなったのである！

河川敷でも有名だったくろべぇのことは、周辺のホームレスもみな知っている。

すぐに大量のチラシが隣町まで貼られ、その内容が河川敷に広がった。

愛さんの指令のもと、何十人ものホームレスが周辺の河川敷中の捜索を開始！

ぐるぐる回り、一歩あるくのさえ、やっとになっていたくろべぇが遠くに行けるはずがない。

しかし、どんなに探してもくろべぇは見つからない。

2日たち3日たち、その間チラシを見た方からたくさんの情報が寄せられた。そのたびに、会社から戻り、すっ飛んできた愛さんだが、「これはあきらかに違うでしょう」という？マークな情報も多く、そのたびに私たちは激しく落胆した。

5日たち、1週間がたち、もしくろべぇが公共機関に保護されていて、連絡違いがあったとしたら、もうタイムリミットだった。残念なことに公共機関に届け出をしても、連絡の行き違いやさまざまな理由で、問い合わせていても手元に返されなかったというケースもある。

その間、愛さんはホームレスに捜索と大量のチラシ配布を頼んだのだが、そのバイト代を含めた費用は莫大。高原さんは「オレがいたのに……」と責任を感じ、それこそ早朝から夜中も寝ずにくろべぇを探していた。

河川敷に行くと、いつも「くろべぇー、くろべぇー」と、どれくらいその名前を呼んだのか、あきらめずにくろべぇを探す高原さんの姿があった。

愛さんもまた出勤前の空が明けぬ時間から、一人くろべぇを探しに出ていた。

どこかで動けなくなっていたとしても、今の状態のくろべぇは自分でご飯が得られない。空腹も限界だろう。それを思うと、みながいたたまれなかった。

10日ほどたち、みなが無言で、くろべぇの帰還をあきらめかけたそのとき、愛さんに一本の電話が入った。

それはある警察官からで、「チラシを見たのだけど、同じような白黒の猫を警察で預かっている」というではないか！

会社からすぐに戻れない愛さんは、簡単に事情を話し、「高原というホームレスが迎えに行く」と伝えた。この警察署は河川敷近くにあり、周辺のホームレス事情を知っているが、このようなときに、ホームレスが迎えに行くことを言わないと、住所とか身元とか聞かれてややこしいのだ。

すぐに高原さんが自転車をすっ飛ばして、警察署に走り込んだ。

大きな警察署の窓口で、ケージに入れられ、連れて来られたのはなんと、くろべぇだった‼

「**くろべぇーー！**」

天を衝くほどの絶叫とともに、くろべぇを抱きしめ、

「**うわー！　うわぁー！**」

と、人目もはばからず号泣する高原さんに、署内にいた婦人警官や一般の人たちも思わずもらい泣き。

くろべぇを抱きしめ、涙と鼻水でぐじゃぐじゃになった顔で、何度も頭を下げる、いかにもホームレスの風体の高原さんの姿に、署内は感動に包まれたという。

しかし、なぜ10日もしてからくろべぇは見つかったのか？

普通、警察署は猫を保護したら、すぐに保健所に渡す。ましてや脳梗塞のくろべぇは、窮屈だろうからと首輪もしていなかったし、毛づくろいもできない体はバサバサぼそぼそ。どこからみ

ても、普通のヨボヨボの野良猫である。

その日の夕方、愛さんがお礼と事情を聞きに警察署に行き、真相が解明された。

くろべぇは施設を抜け出し、遊歩道を渡り、路地を抜け、施設からかなりの距離があって、健康な猫でもとても来ないような車道を渡り、ある駐輪場まで歩いてきたらしかった。

駐輪場のおじさんが、「干物みたいな猫が死んでいる」と思って近寄ったら、生きていたので、警察に連絡し、その警察署で保護していたということだった。

ここで、くろべぇ生還までいくつもの不思議と奇跡が重なる。

まず、くろべぇが施設から遠い駐輪場まで、道路を渡り無事に歩いていったこと。もう何年も施設の庭、数メートルをぐるぐる回っているだけだったのに……。

次に、その距離を歩くには、かなりな時間がかかっただろうに、誰一人として目撃者がいなかったこと。周辺のホームレスはみな、くろべぇを知っていて、かりに見かけたらすぐに愛さんに連絡が入るはず。そんなお手柄を立てたら、愛さんから謝礼をもらえることも、みな知っていたのだから。暇を持て余すホームレスの情報網はけっこう優秀で、河川敷の事件の多くはかなりの確率で、目撃者がいるのだ。

また、くろべぇを見つけてくれた駐輪場のおじさんにしても、保健所でなく警察に連絡してくれたこと。

今回の事件でなにより一番不思議だったのは、警察署は首輪もない猫を保護したら、すぐに保健所に渡すのだ。通常通り保健所に連れて行かれたら、この10日の間にくろべぇは殺処分されていただろうと思われる。

しかし、このとき警察署の管轄で大きな事件が立て続きに起こり、くろべぇの移動が1日、また1日と伸びたのだという。また､猫好きな婦人警官さんが、くろべぇの面倒をよく見てくださったのも、くろべぇが生きながらえた一因だった。

くろべぇ発見とその経緯を聞いた私は、すぐに警察署にお礼状を書いた。

ひかるさんがくろべぇのためにホームレスになったこと。くろべぇが優しく立派な大ボスだったこと。愛さんと高原さんや河川敷のホームレスさんがみんなで、くろべぇを探し続けていたこと。

一連の経緯を書き、感謝の気持ちと、丁寧なお礼の言葉を添えた手紙を警察署に届けた。

その後、「異例中の異例なのですが……」と、警察署から電話をいただいた。

「本来は、決められた規則通りに物事を遂行する警察としては、今回のことは異例中の異例である。と前置きをした上で、和尚さんから（私のことね）いただいたお礼状を朝礼で読み上げました。感動に涙をこぼす警官がいる中、署内に一斉に拍手が起こりました。1匹の猫の命を守るという、人間性の原点を改めて考え、また感動するという経験をさせていただきました」

現代はひと昔と違い、規則規則のお上の仕事だが、その中で働くのはいつの時代も人間なのだ。そんな感動的な経験が、若い警察官の良き礎になるといいな、そんなことを思う。

さて、そんなくろべぇは奇跡の帰還後、何事もなかったように、かわらず施設の庭をぐるぐる回って過ごしていた。しかし、少ししてからはもう食べることもやめ、立つことももままならなくなっていった。

「くろべぇ、いよいよだな……」

愛さんがつぶやき、高原さんが横を向いて涙をふく。

一切食べなくなって2週間が過ぎ、その間くろべぇは、いつも愛さんのそばにいたがった。また、そのような身体になっても、くろべぇは弱い猫から人気があり、ビビリ屋ちびりなどは、干物のようになったくろべぇにぴったりと寄り添っていた。

夏の最中ではあるが、配線がぼろぼろの施設ではクーラーが使えず、愛さんはくろべぇのために、外の庭に蚊帳《かや》を吊って寝ていた。蚊帳で眠る愛さんの右肩にはエイズのにじお、左肩には脳梗塞の老猫くろべぇが、寄り添って眠っていた。

さらに水も飲めなくなって、くろべぇは干物のようになっても生きていた。

1日、1日とくろべぇのために出張を伸ばしていた愛さんだったが、出張に出かけた数日後の夜、静かにそして厳かに、くろべぇは息を引きとった。数々の伝説を残した、偉大な5代目大ボス・くろべぇの最期であった。

ひかるさんが突然死する直前に、くろべぇが愛さんに引き取られたタイミングといい、脳梗塞後いなくなったときに見せた数々の不思議と奇跡といい、くろべぇには「何かの力」が味方していると私は感じていた。

そのときは分からなかったが、今こうして、改めてくろべぇを思い出し原稿を書いていると、くろべぇに起こった数々の「何かの力」とは、「ひかるさんのくろべぇへの愛情」だったのではないだろうか。

自分がホームレスになっても守りたかった猫である。こんな奇跡が起きても不思議じゃない。

私たちがペットを思う気持ちは、時としてこのような奇跡を起こす。

Short Short

4　ゴリラな庭師と刹那と猫と

初めて小城さんに会ったとき、「ゴ、ゴリラ？」

背が高く大柄な体躯。伸びるにまかされた髪と髭《ひげ》はぼうぼう、日焼けか、汚れか顔はまっ黒。ボロボロのコートをはおり、酒くさい。彼はまるでゴリラのようで、ホームレス以外に見えない。

いつも自動販売機の下に落ちた小銭や、おつり返却口を物色していた。

近くの駅では通行人に「100円ちょうだい」とせがんでは、そそくさと逃げられる。こんなところを、愛さんに見つかったら、ぶっ飛ばされるのだが……。

私を見つけても「100円くれ」とすごむ。

「小城さん、お腹すいてるの？　お腹すいてるなら、コンビニにお弁当買いに行こう」

「弁当じゃなくて、酒買って」

「酒は買わない！」

「なんだお前、バカヤロー（……と去って行く）」

毎回、こんな同じ問答が繰り返された。

愛さんから聞いていなかったら、こんなゴリラのようなホームレスにたかられたら、思わず110番してしまう。

彼は造園屋の息子で、絵描き志望で上京し、路上で似顔絵を描いて生計を立てていたという。

路上の絵描きでは、食べていけなかったのか？　お酒におぼれたのか？　両方なのかは分からないが、けっこう長く河川敷暮らしをしていた。

そんな背景があるせいか、小銭を人にせがむ反面、とても風流な男で、河川敷に捨てられたトタンやベニア板に絵を描いていたのだが、これがなかなか、わびさびがあった。

そして植物を育てたり接ぎ木が上手で、施設の庭には彼が植えた草木がたくさんあった。柳は風にそよぎ、愛さんが好きな山吹、色とりどりの菊が咲き乱れ、藤棚に至っては本当に見事。

そんな美しい花々の下で、彼はよくパンツをずり下げたまま泥酔し、眠りこけ、そのたびに周囲に私の悲鳴が轟《とどろ》いていた。

泥酔して庭で寝ててもいいけど、ちんちんしまえ！　バカ！（怒）

そんな小城さんの小屋は河川敷でひときわ目立つ。春になると、白い梅、ピン

Short Short

クの桃、薄紅の桜、鮮やかな山吹の黄色、それこそ造園屋さんの庭のようである（あくまで違法だけど）。

しかし小屋はというと小さく粗末なバラックで、まるでゴミだめのような不潔さ乱雑さ。そこに「たま」と「もも」という猫と一緒に、暮らしていた。

たまに訪ねて来る愛さんに、「ゴミを片付けろ！　たまとももが病気になるだろうが！」と、よく怒られていた。

ゴリラな小城さんも、なんだかんだと愛さんのお世話になり、頭が上がらない様子。

小城さんは、菅野さんと我根《がね》さんというホームレスさんと仲がよく、よくつるんで宴会をしていた。３人とも猫好きという共通点があったのだ。

そんなある日、施設に大事件が起こった。庭に殺鼠剤がまかれたのである！

幸い亡くなった犬猫はいなかったが、犯人を捕まえないと大変なことになる。愛さんはすぐに警察に届け、さらに河川敷中のホームレスに、犯人確保の伝令を出した。

特に一番重要な施設の入り口には、小城さん・菅野さん・我根さんの３人組に、

「見つからないように、よく見張っといてくれ。犯人を捕まえたら、逃がさないですぐ連絡してくれ」

と、見張りを頼み仕事に出かけた。

帰宅した愛さんの目に飛び込んで来たのは、施設の入り口にテーブルとイスを持ちこみ、大声で歌い、大宴会をしている泥酔3人組。足元には何本もの合成酒のペットボトルが転がっている。

怒り心頭の愛さんに、「見張ってますよ〜〜♪」と、上機嫌な酔っ払いトリオ。

愛さんにぶっ飛ばされ退場になったというが、とにかくホームレスに何か頼んでも、このようなことが多く、基本、頼りにならない。

このあと、ほかのホームレスが、一週間も見張りについて犯人を確保、警察に突き出した。

犯人は、近所に住む札付きの変人中年男性。周囲と問題を起こし、苦情もたくさん出ていたそう。

それからしばらくして我根さんが亡くなり、後を追うように小城さんが急死した。熱中症だった。ホームレスは夏でも涼める場所がなく、炎天下の缶集めで汗をかいても水を飲まずに、発泡酒や合成酒を飲むので、熱中症で亡くなる人は珍しくなかった。

とはいえ、こんな生活をしていて急死、というのは悪い死に方ではないと、私は思う。

法衣《ほうい》に着替え、小城さんの小屋の前で、彼のホームレス仲間を呼んで読経をしたのだが……。

読経している私の毛のない坊主頭に、富さんが殺虫剤をかけるのだ。

お経を中断するなんて、言語道断なのだが、

「富さん！　やめてよ！　頭に殺虫剤かけないでぇー！」

「すんません。蚊とノミがいっぱい、頭にたかってたから」

うう、それもすごく嫌なんだけど。

河川敷での弔《とむら》いは、いつもこんなものであった。

しかし、集まったホームレスは、

「小城はいいなぁ、お坊さんにお経をあげてもらえるなんて」

「オレも死んだら、妙玄さんにお経を唱えてもらえると思うと、嬉しいなぁ」

「オレたちでも、お経を唱えてもらえれば成仏できるね」

そんなことを口々に話している。

いや、お経を唱えただけで成仏できるわけでなく、生前の素行が問題なんだけど。そんなことを思うも、読経がみんなの支えになれるなら、良しとしていいのかもしれない。

End

〈第五話〉

暴走老人の猫くらまし

（ああ……、またか……）
ここ河川敷では、もめ事は
日常茶飯事というよりも、
日に何回ももめ事が起きる

ここ河川敷の一番の古株といったら、河川敷歴三十数年のシルバーTさんである。シルバーTさんは、とても小柄な70代後半のおじいちゃん。老齢ながら人当りが良くて、いつもニコニコしている彼は、周囲の女性（一般人のおばさま方）にとても人気がある。ただ、このTさん、人気があるのはいいのだが、とにかくなんでも拾ってくる、という悪いくせがあるのだ。

物はまだいいのだが、どこぞの外国の人やら、猫やら犬やらアヒルやらも、どっかから拾ってくるという、人当りの良さと裏腹に、かなりの問題老人。

動物は大好きな人なのだが、「かわいそう」と連れてきても、すぐに飽きてしまって世話をしない。かくして河川敷には、Tさんが連れてきたアヒル7羽・ガチョウ3羽・烏骨鶏3羽・大型犬2頭・猫数十匹とたまっていく。自分で溜めるのだが、まともに世話をしないので、結局は愛さんの施設で世話をするハメになっていた。

【子猫わんさか】

さらに恐ろしいのは、なぜか毎年春から秋にかけて、どこからか子猫をどんどこドンドコ持ってきて、愛さんの施設にだまって置いていくのだ！　Tさんは、散々愛さんにお世話になっているのに、どうしてこんなことができるのか？　謎である。置き去りにされた子猫の世話や費用は、全て愛さんがやるハメになるのに。

愛さんに怒られても、怒られても、毎年かなりの数の子猫を置きにくる極悪老人。

どうも、近所のエサやり仲間のおばさまたちに、生まれた子猫を押し付けられる、というのが真相らしかった。

シルバーTさんがホームレスなのを知っていて、一般の人が子猫を押し付ける。というのも、かなりひどい話なのだが、Tさんにしてみれば、そのまま愛さんの施設に置きにいけばいいのだから、大したことではないのだろう。それにそんなときは、おばさまたちから数千円もらっているときもあり、一般のエサやりのおばさまたちも、たった数千円で子猫数匹を、引き受けてくれる人がいるならば安いもんである。もちろん愛さんのことも知っていて、その子猫がTさん経由で愛さんに押しつけられることも、彼女らは知っていた。

このホームレス集落がある地区に暮らす一般の人は、狡猾な人もいて、よくホームレスを利用して施設に犬や猫を押しつけることがあった。

そして、そのシルバーTさんの手口も、なかなか巧妙かつ極悪！

まだへその緒がついた生まれて間もない赤ちゃん猫の場合は、早朝に愛さんがご飯をあげにまわる小屋あたりに、箱や袋に入れて置いておく。

そんな赤ちゃんの生死は一刻を争うので、愛さんがエサやりに行くタイミング一歩手前で、赤ちゃん猫を置きに来る。愛さんと二十数年の付き合いのTさんは、愛さんの行動パターンを全て把握しているのだ。

そんなふうに置きにこられた赤ちゃん猫は、2時間おきの授乳・煮沸・保温・排泄補助・ノミとり、必要なら病院と莫大な労力とお金もかかる。なにしろ、里親会に出せるようになるまで、私は赤ちゃん猫を持ち歩き、不眠不休の数か月になるのだ。

Tさんを問い詰めても「知らない」と、うそをつく。

「Tさんはそんな卑劣なことはしない！」

そんな人のいい考えを持っているのも、愛さんだけ。周辺のホームレスさんたちや、甘くない私には、Tさんの犯行はお見通し。

ある初秋、施設に行くと愛さんが、

「妙玄さん、びっくりしたよ！　きょう帰宅したら、この子が部屋の中にチョコンといるんだよ」

と言う視線の先のケージには、1匹のシロぶちの子猫がいた。

「不思議だよなぁ〜。部屋の中まで、どうやって入ったんだろう？」

「Tさんが置いていったに、決まってるじゃないですか」と、私が言うと、

「妙玄さんは知らないかもしれないけど、Tさんはそんな人じゃないよ！」

と、語気を荒げる愛さん。

少し元気のない子猫は、元気になるようにと「ファイト」と名づけられ、走り回れるシェルターに入れられた。

私はTさんと河川敷の小屋前で出会うたびに、「Tさん、もう子猫持ってこないでくださいよ！世話するのも私しかいないのだし、費用も十数万円もかかって、愛さんだって死んじゃいます‼」そう言うと、「子猫なんか、持っていったことないよ」と、正々堂々とうそをつく。そう答えられるのは分かっているけど、悔しいから毎回言うだけは言ってみる。

効果がないのに、このような言い方をするのは心理的にマイナスの強化なのだが、言っても言わなくても同じことをするのだから、言ったほうが私的には多少ストレスの発散になる。それだけのことだけど。

数日後、病院に連れて行く猫がいたので、私はいつもは行かない時間に施設に行った。すると、Tさんがやって来るのが見えた。私に気づかないTさんは慣れた手つきで、シェルターの扉を開け、ファイトの部屋に入って行った。

「おお～い。あれから少し大きくなったなぁ～。お前はほんとになつっこいなぁ～」

Tさんの声が聞こえた。なんのことはない、ファイトが施設にいるのを知っているのは、この時点で3人しかいなかった。愛さんと私、そしてファイトを置きに来た犯人だ。そんなこと以前に、ファイトに話しかけるTさんの言葉が犯行を物語っているのだが。

その後、体が弱いファイトは、朝ボラの優しいSさんがもらってくださった。なんと、Sさんのおうちに行った途端、ファイトはものすごい元気になって、家中を走り回っているということだった。

「体が弱いの、演技だったのかもね〜」

ときにはこんなラッキーな子もいた。

多くの場合、Tさんは紙袋や段ボールに入れて、施設に猫を置きに来る。もうもう怒っても、諭しても、懇願しても、延々と毎年毎年、子猫をわんさか置きに来ていた。

中には、へその緒がついたままの重症の風邪の赤ちゃんや、全身ノミだらけの瀕死の赤ちゃんも多く、私は怒り心頭!!

そのような子は手遅れになることも多く、中には膿んでふさがった目の角膜が破裂して、片目を失った子もいたのだから。

【少年と猫と異国の母と】

ある日、河川敷のシルバーTさんの小屋の前を通り過ぎると、まだ平日の午前中にもかかわらず、一人の少年がしゃがんで猫をなでていた。

Tさんの小屋にいたのは、Tさんの猫の足次郎とミミ。

近づいてしゃがみながら「こんにちは」と声をかけ、少年の顔をのぞき込むが、少年はうつむいて、白黒の足次郎をなでたまま無言。

もう年寄りの足次郎は人好きで、いつも誰かになでられているオス猫である。

「猫、好きなの？　この猫ね、足次郎って名前なの。ほら足だけが白いでしょう。捨てられた猫だけど、人懐っこくて、こうしてなでられるんだよ」

そう話すと少年はうつむいたまま、こくんとうなずいた。

「何年生？」無言。猫なでなで。（小学校低学年くらいだなぁ）。

「きょうは、学校お休み？」無言。猫なでなで。

「一人？」そう聞くと、少年がゆっくりと顔を上げ、斜め後ろに視線を移した。

何気なく、その視線の先に目をやったら、ものすごい巨漢の人が、腕を組んだまま仁王立ちで、私を睨《にら》みつけているではないか！

「あ、こ、こんにちは……」声をかけるも、巨漢は仁王立ちのまま無言。

「お母さまですか？」と声をかけようとしたのだが、大変申し訳ないことに、お母さんかお父さんか（男性か女性か）分からなかった。

その人は外国人のようだった。さらに、足元のテーブルには、焼酎の瓶や発泡酒の缶がたくさん転がっている。

（困ったなぁ……）何が困るのかというと、よくシルバーTさんは、このような素性の知れない人を小屋によんだり、住まわせたりする。大工仕事が出来るホームレスは、自分たちで作った小屋を、ほかのホームレスや不法滞在の外国人に売買したり（もちろん河川敷だから違法である）、彼らから家賃をとって賃貸物件にしたりしていた。こんな現実を目の当たりにしたときは、開いた口がふさがらなかった。

河川敷に違法に家を作って、売買や賃貸!? 私のことを睨んでいるこの子の親もまた、そんな物件を契約した人なのだろうか。そのようなことは、別に私がとやかく言うことではないのだが、まだ小さな子供が学校に行く時間に、このような場所にいるのはまずいのだ。たとえ親と一緒でも河川敷に子供を連れてきて、ホームレスの小屋に入り込み、真っ昼間から酔っ払っている。

そのこと自体も十分問題なのだが、以前もTさんは、メキシコ人の母子を連れてきて、子供にミーコという猫を見せていた。母親は昼から泥酔。小さな子供は一人でミーコと遊んでいるのだが、しつこく猫を追い回し、しっぽをわしづかみにされたミーコに飛びかかられ、たいそうなケガをして大事《おおごと》になったのだ。

その後シルバーTさんは、散々愛さんに怒られ、「もう知らない人を連れ込まない。子供は絶対連れてこない」と約束したばかりであった。

子猫の持ち込みにしても、本当にこの人は約束を約束と思わず、なんとも深刻に思ってないところがたちが悪い。

なのにまた今回もTさんの小屋の前に居座り、飲酒している外国人の親？　と幼い少年。さらに平日の昼である。辺りを見渡してもシルバーTさんはいない。

親らしき人も日本語が通じないのか、しゃべってくれないので、おとなしそうな少年に、猫のなで方をレクチャーして施設に戻った。とりあえず愛さんにはまだ言わないことにしよう。


その翌日、気になってシルバーTさんの小屋の様子を見にいくと、Tさんをはじめ、数人の顔見知りのホームレスさんの大声が聞こえ、なにやらもめているのが見えた。

（ああ……、またか……）

ここ河川敷では、もめ事は日常茶飯事というよりも、日に何回ももめ事が起きる。

近づくと、きのうの巨漢が、泥酔して大立ち回りをしているではないか！

泥酔している巨漢は、やはり少年の母親でブラジル人であるという。

少年を探すと、少し離れたゴミが積み上げられた場所で、ひざを抱えてしゃがみ、無表情で暴れる母親を見つめていた。

「いい加減にしなさーい‼」

いくら叫んでも相手は泥酔状態。どうしようもない。暴れる彼女を、力ずくで押さえつけようとするホームレスさんに、

「ケガさせないで！　ケガさせないでぇー！　また警察沙汰になるからぁー！」

と叫ぶ。ここには少年もいるから、なるべく大事《おおごと》にしたくなかった。しばらくすったもんだしていると、バッタァーーン‼　轟音と共に土煙を上げて、巨漢ブラジル人母ちゃんがぶっ倒れた。

「だ、大丈夫かな……？」恐る恐るのぞき込む私に、

「大丈夫、大丈夫、この人いつもこうだからね」

いつの間にか現れたシルバーTさんが、しれっと言う。いつも？　いつもこんなことやってる人を、なんで連れてくるのさ‼

「あぁ〜〜、愛さんが帰ってきちゃう。また大騒動になるから、愛さんが帰る前に、この人と子供をおうちに送ってって！」

施設を運営するために、早朝から連日ハードな仕事をこなしている愛さんには、なるべく知ら

何かと便利なリヤカー

せたくなかったのだ。怒るとまた体調崩すし。

大の男が二人、倒れこんだ泥酔おばさんを持ち上げようとするが、全然持ち上がらない。たまらず富さんがリヤカーを持ってきた。猫たちの缶詰や灯油を運ぶリヤカーは、こんな利用法もあるのか。

応援もかけつけて、ホームレス男衆が4人がかりで「せーの！」「だめだ！　もう一回！」「せーの！」「だめだ！　重てぇなあ！」と声を掛け合う。

ようやく、泥酔おばさんをリヤカーに持ち上げた。だが、その巨漢はリヤカーからはみ出て納まらない。上着はめくり上がりズボンはずり下がり、上下の下着が丸見えだった。

私は少年に見えないように素早く衣類を直そうとしたが、お肉の重量で押され、服の乱れがビクともしない。仕方ないので、持っていた申し訳程度の猫の敷物用のバスタオルをかけた。大いびきをかきながらリヤカーで運ばれて行く、母のだらしなく垂れ下がった手に時おり触れながら、少年は歩いて行った。子供にはどんな母でも恋しいのだろう。そんな少年に声をかけたかったのだが、どうかけていいのか分からなかった。

実際、私は自分の仕事を抱えながら、ほぼ毎日2時間かかる施設往復。作業、病気の猫の治療やリハビリ、子猫の世話、フードや備品の買い出し、2時間以上かかる動物病院通い、ホームレスさんとの関わり。これだけのボランティアで、もう自分がいっぱいいっぱいであったのだ。

けど今も思い出す。あの猫好きのおとなしい少年はどうしたのだろうか。

学校には行けているのか？　親元にいるのだろうか？　誰か周囲に、彼のことを気にかけてくれる大人はいるのだろうか。

僧侶のくせに、目の前の少年に何もしなかったな、そう思う。

このときに「何もできなかった」とは思わない。だって私は「何もできなかった」のではなく「自分が大変だから、何もしない」ということを自ら選択したのだから。

このようなときに「何もできなかったのか？」「何もしなかったのか？」は、自分の中で明確にする必要がある。**「何もできなかった」は自分への免罪符となるが、「何もしなかった」は、未**

来の自分への戒めになるからだ。

今度、あのような少年に会ったら、何かひとつでも、彼のためになるようなことができたらい
い。次はきっと……。

そして、シルバーTさんに、

「Tさん！　子供はダメ！　子供をこんなとこに連れてきて、あんな親の姿をみせちゃダメ！

親と飲むなら、子供は連れてこないで」

とお願いするも、シルバーTさんは、

「そうだね。そうだね」と、相変わらず無駄にニコニコしている。

この人は、人当りはいいが、本当にかなりの難敵である。


【犯人を捜せ！】

シルバーTさんは、毎日大量に出る施設のゴミや犬猫のウンチの収集、未だ汲み取り式のおト
イレの処理、簡単な大工仕事などをしてくれている。してくれているが、ただではない。愛さん
はその都度、Tさんにバイト代を支払っている。Tさんだけではなく、ホームレス衆に何か頼む
とき、愛さんは必ず相応の賃金を支払っていた。

Tさんがお金の無心にきたときは快く貸し、Tさんが持ち込むさまざまなトラブル処理の仲介をし、医療福祉を受けられるように申請していた。以前、Tさんがまだ働いていたころ、働いた給料を何か月も払ってくれない建築現場に出向き、給料を回収してきたのも愛さんである。

小柄で力のない年寄りのTさんが、ここ河川敷で生活ができるのも愛さんの尽力だ。

なのに、なのに、Tさんは毎年毎年、へその緒がついたままの赤ちゃん猫や、一般のエサやりおばさんから買い受けたり、ただで押しつけられた子猫をどんどこドンドコ、施設に置きに来ていた。それも黙って。もちろん一銭も支払わずに‼

エンドレスにいる河川敷の猫を、次から次へと持ち込まれたら、愛さんも私もたまらない。

河川敷のホームレスが見つけてしまった子猫ならば、致し方ない。彼らには子猫を育てる責任感やスキルもない。高価なミルクを買ったり、保温したりの電源もない。そんな彼らが見つけてしまった猫ならば、私たちは泣く泣く預かる。

しかし、一般のエサやりさんが生ませてしまったり、見つけた猫は人に押し付けず、自分たちでどうにかするのが、人としてのマナーではないのか？

ある年の春から秋にかけては、なんと30匹近くの子猫が、施設周辺に置かれたのだ‼　生まれたばかりで、へその緒がついた赤ちゃんもいるし、風邪で目がぐじゃぐじゃの子もいる。秋になっても持ち込まれる、箱の中の５匹の弱りきった赤ちゃんを見たときには、本当に「もうやだよー!!」と、天に向かって号泣してしまったほどである。

その全てがTさんとは思わないが、多くがTさんなのだと、目撃情報が入る。

河川敷ではけっこうな確率で、誰かが〝犯行〟を目撃している。みんな暇だし、電気もないから太陽と共に生き、パソコンとかもしないから、ホームレスさんは夜目が利いて目がいい！　ケニア人のように遠目が利く。

そんなホームレス仲間の目撃証言があるにもかかわらず、それでも愛さんだけが、「そんなことはない。シルバーTさんとは20年来の付き合いだし、俺の持病も知っている。それに、Tさんのことはいろいろ助けているんだから、そんな卑劣なまねをするハズがない！」と言い張る。

確かにシルバーTさんは、卑劣な考えの持ち主ではない。ただ、Tさんは施設に子猫を置きに来るということを、〝卑劣なまね〟と、とらえていないことが問題なのだ。そのような行為を私たちは卑劣な行為ととらえるが、Tさんは卑劣なこととも思ってないし、問題ともとらえていない。物事の定義が違うと、そこに心理的なすれ違いが生じるので、問題の定義に視点を置いても埒《らち》が明かない。

それに、施設と関わりのない一般の人がわざわざ、愛さんが早朝エサやりに行く動線上に、子猫を置けるわけがない。

Tさんを信じている愛さんと話していてもダメだと感じた私は、河川敷の橋の下に住む、みっちゃんに相談にいった。

みっちゃんは手先が器用で、施設の大工仕事やもめ事の仲裁、御用聞き全般を引き受けてくれる60代前半の頼れるおじさん。

私は事情を知っているみっちゃんに「監視カメラの設置って、出来ないかな?」と聞いてみた。

「う~ん。それはものすごく高いから無理だよね」

「そっかぁ~。監視カメラでもあれば抑止力になると思うんだけど」

しばらく考え込んだみっちゃんが、

「あっ! いいこと思いついたよ!」と言ってほくそ笑んだ。

それから数日後、みっちゃんが監視ビデオカメラを5台も持ってきた!

「えーっ! すご~い! どうしたんですか? これ?」

黒いテープが巻かれた本体から数本の電線が伸び、鋭いレンズが光っていた。

「えへへ。これね、ダミーなの」

「えっ!?」驚く私に、みっちゃんは誇らしげに説明を続けた。

「レンズは、捨てられてたカメラのレンズを拾ってきて付けたんだ。本体は段ボールをビデオカメラの形に作って、スイッチの凹凸とかも作って黒いテープで巻いたの。電線も拾ってきた使えないものだけど、これを高いところに設置して、電線を配線に沿って取り付けたら、けっこう本物っぽく見えるかなって、思って」

みっちゃん、ナイス！　めちゃめちゃ、いい！　すごい！

早速、高い場所に設置してレンズを下に向かせたら、本当に監視カメラっぽく見えるのだ!!

それを施設周辺のあちこちに設置した。

「猫を捨てにくる犯人を捕まえるために、監視カメラを設置した」と聞けば、通常は、やはりカメラに近づいて確認する、という行動は取れないものだ。だって、本物だったらそんな自分の姿が映り、自白しているようなものである。これには愛さんも感心した。

「これなら一般の人が、子猫を捨てにくるのも減るかな？」

(だから、これはシルバーTさんのために作ったんだってば!!)

私とみっちゃんの心の中の突っ込みである。

カメラがダミーと知っているのは、愛さん、私、みっちゃんの3人だけ。あとは、みっちゃんから、遠いところに住むホームレスに「愛さんの施設周辺に、監視カメラがついたらしいよ」と、うわさを流してもらうことにした。

計画通り、監視カメラのうわさは、瞬く間に河川敷に広がった。

当然、シルバーTさんの耳にも入る。河川敷のホームレスたちは、この話で持ちきりだ。

「犯人、捕まるかな?」「なんか、愛さんの施設に近寄るの恐いよね」「犯人、捕まったら河川敷追放だよなぁ……」

みな、口々に話題にあげる。そんな話をシルバーTさんは、うつむいて、じーっと聞いていたという。

みっちゃん、ナ〜イス!! グッジョブ!!

案の定、カメラを設置してから、パタっと子猫は持ち込まれなくなった。

そんなうわさを知らない一般の人が犯人ならば、高いところにつけたカメラに気づかず、子猫を捨てに来るはずである。

しばらく子猫が持ち込まれない現実にまずは安堵したのだが、それでも愛さんは、「一般の人もカメラに気づいたに違いない」と言い張り、Tさんが犯人だと思いたくないようだった。

仲間内での(仲間じゃないけど……)犯人探しは気分のいいものではないが、こればかりはどうにかしないと、毎年30〜40匹の子猫をエンドレスに持ち込まれたら、施設が破綻するのが目に見えている。

「愛さん、これでしばらくして、カメラのないところに子猫を置かれ始めたら、犯人はシルバー

Tさんですよ」

ここは人の心理を読むカウンセラーの意地でもある。私は愛さんにそう言い切った。

Tさんは私に会うたびに「子猫はかわいいねぇ〜。よろしくねぇ〜」と、ニコニコした満面の笑みで意味深なことを言う。というか、これってただの自白じゃん。

「そうね〜、かわいいけど子猫1匹、里子に出すまで、検査やら何やらで五万円くらいかかるし、世話は私が寝ずにやるのよ〜。病気があったら一生世話するハメになるんだから、Tさん、もう持ってこないでね‼（怒）」

「はいはいぃ〜」ニコニコ。相変わらず、不毛な会話が続く。


果たして、翌年の春先。なんと私の予告どおり、カメラがない場所に子猫が置かれ始めたのだ。そして、情報通の洋子さんが、次の情報を教えてくれた。シルバーTさんが愛さんに内緒で、遠く離れた河川敷に新しい小屋を立て、そこに外国人二人から家賃をとって住まわせていること。そして、その小屋には、どこかから持ってきた子猫が3匹いるという。子猫はまだよちよち歩きのキジトラが3匹。

愛さんと私たちがTさんのその小屋に確認に行く直前、その3匹のキジトラの子猫が、カメラがない場所に置かれていた。

「しまった！　やられた！」

せっかく洋子さんから情報をもらっていたのに、Tさん、じじいのくせに、勘がよくてすばしっこいのだ。

この夏もカメラのないとこで、どんどこドンドコ子猫を置かれ、その数はなんと35匹にまでなっていた！

仕事も抱え、ただでさえ大変な施設通いのほかに、不眠不休の赤ちゃん猫の世話が加わって、私はどんどんどんどんやせていった。もう風が吹けば、飛んでいきそうなくらいの蚊トンボ状態。目は毛細血管が切れて、真っ赤な充血がとれない。そんな過酷な日々が続く。せっかくのカメラも、ワンシーズンしか抑止力にならなかった。

こんな問題が起こったときは、何を優先順位に持ってくるかで対応策が決まる。

このようなケースで一番いいのは、置かれた子猫を全てTさんに返すこと。置かれたら返し、また置かれたら返すのだ。

返す子猫の中に、Tさんが置いていった猫ではない子が含まれていても、それでも返し続ける。そうしたら、Tさんはもう施設に子猫を持ち込まなくなる。

しかし、愛さんや私にとっての優先順位は、Tさんが子猫を持ち込まなくなることよりも〝子猫の命〟だった。

子猫の命を優先にしている以上、置きにこられた子猫をTさんに返すことはできない。Tさんに子猫を返すということは、イコール子猫の死を意味していた。ましてや、まだへその緒がついたままの、赤ちゃん猫の生死の境は一刻を争い、莫大な時間をかける手厚い看護が必要なのだから。

Tさんは私たちのそんな弱みを握っていた。

困った。どうにもならないのだが、どうにかしないと……。


【アグネスちゃんと犬小屋と】


シルバーTさんは、私がすったもんだと、子猫たちと悪戦苦闘している間に、いろいろな異国の女性とお付き合いがあったようだ。どの程度のお付き合いかは不明だが、私が知ってる限りでも、メキシコ人・ブラジル人・タイ人・フィリピン人、それに近所のエサやり仲間のおばさまたち。おじいちゃんのくせに、交友関係が派手で八方美人なので、河川敷では一番モテル。

そんなTさんはあるときから、近くの工場で働くフィリピーナのアグネスという女性と、いつも一緒にいるようになった。40代？　のアグネスちゃんは工場で働きながら、近隣の野良猫のエサやりもやっている、しごくまじめな女性。

Tさんはこのところ、アグネスちゃんといつも一緒にエサやりをしたり、一緒にお出かけをしていた。Tさんは「アグネス」と呼び、アグネスちゃんは「お父さん」と呼んで、いつも二人は一緒でとても仲がよかった。

河川敷でホームレスをやっている人でも、異性と暮らす幸せな人はごくまれ。

女性のホームレスが流れてくると、たいていは愛さんが出向いて話をつけ、福祉を受けるようにして河川敷からは出て行ってもらう。

女性ホームレスは、こんなところで暮らしていると妊娠してしまうのだ。知的障害を持つような女性もいるが、だいたいが「なんとなくできちゃった……」そんなことで出産しては困るのだ。猫の子じゃないんだから。

そんな河川敷事情の中、シルバーTさんは、異性とお付き合いのできるラッキーなおじいちゃん。

Tさんがどんどこ猫を持ち込むことを、アグネスちゃんにたしなめてもらおうと、話をしたのだがどうにも要領を得ない。

ダミービデオを作ってくれたみっちゃんの話や、情報通の洋子さんの話を聞くと、多発する子猫置き去り事件には、どうもアグネスちゃんもからんでいるようだった。

それは彼女自身が悪いというよりも、シルバーTさんが子猫を押し付けられてきても、彼女自身も困り果て、見て見ぬふりをするしかなかったのかもしれない。

ある年の夏、みっちゃんが作ってくれたダミービデオを避けるような場所に、あるときは2匹、その次は3匹、さらに5匹と〝ひと腹〟ずつ段ボールに入った乳飲み子が、どんどこ施設にやってきた。

そんな中、施設の維持費を稼ごうと無理を重ねた愛さんが、風邪と疲労から重篤な熱中症になった。カウンセリングにペット供養、そして家事に執筆という自分の仕事に加え、施設での仕事が愛さんの分まで何倍にも膨れ上がった。さらに、3時間おきの授乳が必要な乳飲み子が、数十匹もいるのだ。

私はもともとやつれて細いところに、不眠不休が加わり、さらにどんどんとやせていった。愛さんに入院を何度も勧めるも、「大丈夫」の一点張り。私は、施設で寝込む、そんな愛さんの看病もしなければならないハメになった。

（にゅ、入院してくれーー‼　ここで寝込まれると、私の仕事が増えるからぁーー！）

熱中症の症状が出ているのに、クーラーもない施設で、ただ寝ているだけの愛さんの症状は深刻になり、「あす、愛さんがなんといおうと、とにかく救急車を呼ぼう」と決めた。体の生理の勉強をしてきた私は緊急事態を感じていた。

そんな矢先、またダミーのカメラがない場所に、生まれたばかりの赤ちゃん猫が5匹置かれていた。私はもう涙も怒りも出なかった。

私しかやる人間がいないのだ。泣いている時間も、怒っている時間も、私には与えられていなかった。氷まくらと氷嚢にはさまれて、転がっている愛さんに、

「また、赤ちゃん来ました。5匹」

そう告げると、「なにぃー‼」と、愛さんが飛び起きた。

そのままシルバーTさんに電話をして、

「Tさん、今すぐ来い！　アグネスも連れて一緒に今すぐ、ここに来い！」

そう怒鳴って電話を切ると、また布団に倒れこんだ。

すぐに乳飲み子の世話を始めた私は、（なんでアグネスちゃんも？）と思ったが、やることが山積みなので、そんな疑問はどうでもよくなった。

翌日、いつもは夕方から行く施設だが、とにかくやることが多すぎて、私は早朝から施設にやっ

てきた。愛さんは相変わらずまだ寝込んでいた。

犬小屋のシェルターの前を通りかかって、ぎょっ‼　と思わずわが目を疑った。

「な・な・なんで、シルバーTさんとアグネスちゃんが、犬小屋にいるのぉーー⁉」

なんと、二人は犬小屋に入っていて、外からカギがかけられているではないか！

「な・な・なにしてるのー⁉」

あまりにも子猫を持ち込むTさんに、さすがに堪忍袋の緒が切れた愛さんが、昨晩、アグネスちゃんと二人を呼んで、携帯を取り上げて犬小屋に閉じ込めたのだという。

ううう……、拉致監禁？

「仕方ないの。愛さんすごく怒ってて。でも、アグネスが仕事の時間だから、アグネスだけでも出して。妙玄さん」

と、Tさんにお願いされる。一晩、犬小屋で明かしたらしい。

Tさんの要望を愛さんに伝えても、意識が朦朧としながら「出すな！」の一点張り。

時は真夏の炎天下。

私はコンビニに走って、大きなペットボトルの水にかち割り氷、おにぎりに惣菜、パン、アイスコーヒーを買って、自分の日傘と一緒に犬小屋に入れる。

もうもうもう……、なんなのだ？　なぜ犬小屋に人が入れられていて、こんなことになっているのだ？

Tさんにどんどこドンドコ無制限に、子猫を持ち込まれるのも困るけど、施設の中で熱中症で死なれるのはもっと困る‼

そのあと、私の独断でアグネスちゃんだけを解放し（彼女の仕事先の工場の人に、捜索願いとか出されたらややこしいから）、犬小屋にはTさんだけになった。

「ねぇ、Tさん。これからは、施設の周辺や河川敷に子猫が置かれるたびに、アグネスちゃんもまた、犬小屋に入れられることになるよ。Tさん、うそばかりついて子猫持ち込むのも、いろんな人にいい顔して子猫を引き受けるのも、やめなきゃ。Tさんのせいで巻き込まれたアグネスちゃん、かわいそうだよ」

そう言うと、さすがにこたえたらしく、「そうだよね……」と、消え入るような小声で彼は答えた。

それから、愛さんに散々しぼられて、シルバーTさんも釈放された。

熱中症で寝込む愛さんの症状を見ていて、「もうだめだ！　もう体が体を治せない！」と危険を感じた私は、そのあとすぐにタクシーを手配して、半ば強制的に愛さんを緊急入院させた。

医師からは、「あと2時間遅かったら死んでいました。塩をなめさせてくれていたのは、助かりました。塩をなめてなかったらアウトでしたね。心筋梗塞の可能性があるので、大きな病院まで搬送します」とのことだった。

愛さんは熱中症になっても、飲む点滴（※）であるスポーツドリンクも「甘いからいや」と、飲んではくれず仕方ないから、野菜を搾ったジュースと天然塩だけは、なめさせていたのだ。生理栄養学を学んでいて本当によかった。

うじゃうじゃいる乳飲み子の世話や、施設の作業が全て私にかかってくるが、愛さんが入院してくれただけで看護の手があいた。

愛さんの入院は2週間にも及んだ。その間にも、施設のゴミを集めにシルバーTさんがやってきた。

「愛さんはまだ入院ですか？」

「そうですよ。死ぬかもしれなかったんですよ！　Tさんのせいですよ！　私だって仕事があるのに、Tさんのせいで1日中、施設ですよ‼」

私はその都度、精一杯のいやみ（事実そのままだけど）を強い口調で言った。

その子供じみた言い方に、カウンセラーとしての自分は敗北感に打ちひしがれるのだが。

※飲む点滴は血糖値が乱高下するので、健常者には不適切。

【救急車とホームレス事情】

それからしばらくして、愛さんが退院したのと交代するかのように、シルバーTさんが脳梗塞で病院に運ばれた。幸い発見が早かったので大事に至らなかったが。

その数日後、ホームレスの和田さんが施設に走ってきた。そのとき施設にいたのは私一人。

「妙玄さん、救急車呼んで！　シルバーTさんがまた倒れたんだ！」

和田さんの話を聞きながら、一緒に河川敷に向かった。走りながら、携帯から救急車に連絡。

しかし、河川敷につくとTさんがいない。

「あれ!? Tさんは？」周辺に集まっていたホームレスさんに聞くと、「あれ？　今ここにいたんだけどなぁ？」「おーい。Tさん、どこいったぁ？」

ちょっとちょっと、救急車を呼んじゃったのに、なんで本人がいないのさ。

「探して！　救急車来ちゃうよぉ〜！」

そう言っていたら、Tさんが自分の猫のミミを抱いて現れた。

「Tさん！　なにやってるの!?　救急車断っていいの!?」

「救急車は呼んでもらっていいの。めまいがするんだ。今、ミミのご飯あげてから……」

あのねぇ〜、そうやって歩ける人は、救急車を呼ばないで車で病院行くの。救急車は、救急の

人のためのものなんだから！（怒）

「Tさん、救急車断るから私の車に乗って！　病院行こう」

そういうと、ほかのホームレスさんが、

「妙玄さん、救急車で行かないと福祉がでないから、自費診療になるの。そうしたら保険に入ってないから何万円もとられるんだよ」

ということではないか。なんということだろう。救急車じゃないと、福祉がでない自費診療。当然かもしれないが、そんな大金、Tさんは払えない。かりに私が立て替えたとしても、返してはもらえない。それにそんな前例を作ったらキリがない。

ただ、Tさんが脳梗塞で死にそうになって、ず～っと薬を飲んでいるのは本当だし、確かにそういう人のめまいって怖い。

「じゃ、Tさん、お願いだから寝てて。起き上がったりしたら、救急車乗せてもらえないですよ」

「そうだね」と言いながら、着替えを取りに行こうとしたりする。

無理やり寝かせたTさんの足元に、ミミが長々と体を伸ばしてお父さんと寝そべる。

こんな状況じゃなければ、微笑ましい光景なんだけど。

すぐに救急車が到着。

Tさんに事情を聞く救急隊員と、通報者の私に事情を聞く救急隊員。

河川敷のボランティアなので詳しい状況は分からない。ホームレスは携帯を持ってないから、私が通報したのであって同行はできない、という旨を話す。

私のことも聞かれたので、僧侶であることを話す。そうしないと関係性を問いつめられるから。

「ああ、和尚さんですか、ごくろうさまです」

と、敬礼される。和尚さん……。確かに住職の資格は持っているけれど、和尚さんって、なんかイヤ……。

ちらりとTさんを見ると、ニコニコしてミミをなでながら隊員と話している。

おい、こらっ！　あんたはこれから救急車に乗るんでしょ！

そのとき、横から見知らぬ一人の年配の女性が、

「私、Tさんと古くからの知り合いなんで、救急車に同乗してもいいですか？」

と、私に聞いてきた。

「あ、そうなんですか、助かります。じゃあ、お願いします。治療が終わったら連絡いただけますか？」

携帯の番号を教えた。一般の方が同行してくれるなら安心だ。今はそんなに心配なさそうだけど、どうなるか分からない。かりにTさんが、突然意識がなくなったりしても、今は「個人情報

の守秘義務」ということで、家族でない私たちは、Tさんと一切連絡がとれなくなるのだ。入院してもどこの病院かも教えてもらえないし、病院で死んでも連絡はこない。

隊員の人も、事情を察知してくれたのか、その女性の申し出を快諾してくれた。

そうしたら、なんとこの一般人の年配の女性は、Tさんと知り合ったときの話から、よく自分はTさんと一緒にいること、自分の家庭の話などを、隊員にとうとうと話し始めたではないか！

ぎゃ〜〜〜‼　この人も変な人だぁ〜〜〜。

いつも愛さんに言われていた。

「ホームレスとつきあって、河川敷で酒盛りしているような奴は、一般人でも頭の中はホームレスと変わらないから注意して。いつも言うけど、**差別はよくないけど、区別はしなきゃダメなんだ**」

Tさんは夕方、病院から戻ったとお礼を言いに施設に来てくれた。

ここぞとばかりに、「Tさん、もう子猫は……」と言うと、ぶんぶんと手を振って「もうもう、やりません。体もいうことをきかないし、とてもとても……」と、いつもはニコニコやり過ごすTさんが初めて真顔で答えた。

ああ、病気の人の体を思いやる言葉ではなく、「もう子猫は……」なんて言っちゃった。全然、僧侶の言葉じゃないなあ。

こんな事件続きの翌年、なんとなんと、今まであれだけ施設の周辺や、私たちがエサやりに回る河川敷に置かれていた子猫が、ゼロだったのだ！　この事実は、今までの数々の犯行や悪所業が、ほとんどシルバーTさんの仕業なのを物語っていた。

子猫が持ち込まれなくなった翌年、シルバーTさんの猫、白黒オスの足次郎と三毛のミミが続けて亡くなった。かなり高齢になるまで河川敷で、自由に過ごしたおとなしい猫たちで、いつもTさんのゴミだめのような小屋のまわりで、ゆったりと過ごしていた。老衰といっていい年齢まで、自由な猫らしい人生を送った幸せな逝き方。足次郎とミミはTさんの畑（もちろん違法）の一角に埋められた。

法衣をはおって、猫たちを埋めたというその場所で読経したあとに、

「あ、まちがえた！　足次郎、埋めたの、こっちだった」

と、Tさんがあさっての方向を指さす。

読経中、たぶん何十匹もの蚊やブヨに刺された私は、聞こえないフリをした。

河川敷が、鮮やかなオレンジ色に包まれた夕焼けに染まる。

尊いものと不条理が混在する、ここ河川敷。
そこは、人間の〝何か〟が試される場所であるような気がする。

シルバーTさんの飼い猫・足次郎

Short Short

5　子猫のようなホームレス

河川敷の水門近くに住む尾井さんは、強面な大男だが、ホームレスさんには珍しく人懐っこい。

小屋の前の捨て猫さんにごはんをあげていたら、猫が増えてしまい困っているという。

猫の数や状況を聞くのだが、聞くたびに話の内容が変わって埒《らち》が明かない。

これはホームレスさんたちに共通して起こる現象で、要は、何を言っているか分からない。このまま聞いていても、わけの分からない話を彼はいつまでもしゃべり続けるだろう。

何度も変わる内容の話を、嬉々として話す尾井さんに、愛さんが、

「もういい！　要は不妊手術していない猫が8匹以上はいる、ということだな。手術するから、明日7時に俺の施設に来いよ」

と言ってさっさと尾井さんの小屋を後にした。

翌日、施設に来た尾井さんは私を見つけ、開口一番「おかあさぁ〜〜〜ん！」と、じゃれついてきた！（はっ⁉　何事？）そう身構えるも、

「お母さん！　お父さんは、まだ帰ってないの？　きのうミーコが布団に来たか

ら、捕まえておこうと思ったら、ひっかかれちゃってさぁ～～～」

と始まり、弾丸のようにいろいろな話をし始めた。で、話の端々で私のことを「お母さん。お母さん」と呼ぶのだ。尾井さんはどう見ても、私より10歳以上は年上なわけですよ！

「お母さん！　きのうお父さんが来てくれて、助かったよぉ～。もうどんどん猫が増えていくから、どうしようと思ってたんだ」

あまりの弾丸トークに、「私はお母さんじゃありません！」という間が与えられない。

それに、施設では作業が山ほどあるのに、忙しく動きまわる私の後を、大きな身体でちょこまかと付いてくる。「お母さん、お母さん」と言いながら。

「尾井さん、すみませんけど、作業で忙しいから、ちょっと座って待ってて」というも、「お母さん、あのね……。でね、お母さん」と付いてくる。

ぎゃぁぁぁぁー！　お前は拾われた子猫かぁー!?　愛さん、早く帰ってきてぇー！

散々付きまとわれて作業が遅れに遅れたころ、帰宅した愛さんが尾井さんに、捕獲器を渡して使い方を説明するも、「お父さん！　お父さん！」と、おしゃべりをする尾井さんに一喝。

「この子たちの手術も治療も全部、俺のほうでやるから、捕獲器の使い方聞いて帰ってくれ。施設ではやることが山積みで、おしゃべりしている暇はないんだ。それに、俺はあんたの親父《おやじ》じゃやねぇ！」

ピタっと尾井さんのおしゃべりが止まって、神妙に愛さんから捕獲器の使い方を聞き始めた。

もう二十数年ホームレスの面倒をみるハメになっている愛さんは、彼らとの接し方をよく心得ていた。ある程度、このようなハッキリとした物言いをしないと、暇な彼らはず～～っとしゃべり続けるのである。


それからというもの、尾井さんは愛さんがいない時間に「お母さぁ～ん！」と、毎日施設にやってきて、捕獲器に入らない猫の状況を話しに来る。

さらに、自分は廃品回収の仕事で、多いときで月の収入が70万ある。きのうとおとといで20万稼いだから、今週はもう働かない。そんなうそ話を延々とする、作業をこなす私の後追いをしながら。

これはもう、早く尾井さんのところの、猫の手術を終えてもらわないとたまらない。

ただ、毎日嬉しそうに「お母さぁ〜ん！」と来る尾井さんを見ていて思う。「お母さん」って、呼びたいんだろうなぁ。河川敷にぽんと捨てられた子猫のように、不安なんだろうな。尾井さんは、周りのホームレスとは離れた藪の奥に一人で住んでいた。

このようなおしゃべりで、うそ話を延々とする人は、まわりから煙たがられるのであろう。

でも、人は河川敷に沈む夕日を見たら「ねぇ、あれ見て！　すごい！　まん丸だね」と話しかけたり、猫が足を踏み外して転んだ笑い話を、誰かにする必要があるのだ。

私たちは、このようなたわいのない話ができるコミュニティーの中でこそ、健全に生き、日常生活を送れるのだから。

人は一人では生きていけない。河川敷で一人で暮らす彼らホームレスを見ていて痛感する。

私は「お母さん、お母さん」と、子猫のようにまとわりついてくる、この初老の大男の物語に、しばらく付き合うことにした。

Short Short

数日間の大捕物の捕獲～手術～リリースが済んだあとも、尾井さんはたまに、猫たちの様子を話しに施設に来ていたが、愛さんから、

「俺はできることをやった。もう施設に関わらないでくれ。あとの世話はできるだろう。もし、どうにもならんことがあったら、そのときは相談にのるからな。でもそれ以外はここに来ないでくれ。妙玄さんも仕事を抱えて忙しいんだから」

と言われ、さすがに状況が分かるのか、尾井さんは最後に大きな身体を縮こませ、とても小さな声で、

「お父さん、お母さん、ありがとう」

と言って頭を下げ、誰も待つ人のいない小屋に帰って行った。


尾井さんの様子を見ていて、子供のころ、親に甘えられなかったんだろうなぁと思う。

少しの間だったけど、「お父さん」に自分の問題を解決してもらい、「お母さん」におしゃべりができて、いい時間だったのかなぁ。この短い疑似子猫（子供）体験が尾井さんの生きていく勇気になればいいな、そんなことを思う。

胸の奥が、ちりちりヒリヒリとする思い。
ここ河川敷では、よくある切ない光景である。

End

ローンウルフに猫の遺言

〈第六話〉

人嫌い・猫嫌いのトラは、人が来ると、
「にゃぁ～にゃぁ～」と呼ぶくせに、
なでようとすると、
シアッ！　と爪を出す。
それはまるで、
人に近寄りたいが近寄らせない、
飼い主の忍さんの人生を投影している
ようであった。

ここ河川敷では相手のプライベートに触れない、ということが不文律（暗黙の掟）になっている。おのおのが過去を隠して、または変えたり、捨てたりしてここにいるから。

愛さんの施設に行く前まで、私はホームレスさんとまったく関わったことがなかった。ホームレスのイメージというと、「寒い地方から東京に出稼ぎに来て、なんらかの理由で帰れなくなった人（たぶんTVの番組で見た影響）」「なんとなく怖い」「独身で家族なし」「ホームレスという暮らしにもがいている」そんな印象だった。

しかし、私が知り合ったホームレスさんたちは、奥さんや子供がいる人（いた人）が多く、沖縄など南から来た人が多かった。

中には家族とコンタクトがあり、仕送りを受けている人もいた。どんな事情があるか分からないが、河川敷でホームレスをしている人に、何十年も仕送りをする家族って。

ホームレスの彼らは、口をそろえて「人づきあいが苦手」「人が嫌い」「人と関わりたくない」と言うのだが、実は彼らは人が嫌いなのではなく、自分を否定する人が極端に嫌いなのだ。「自分を否定しない人、傷つけない人」「自分の話だけをただ聞いてくれる人」のことは好きな人が多い。彼ら自身は、他者の心情などに無頓着なのだが。

ただ、大人同士の社会では、そんな一方通行のコミュニケーションがあろうハズがない。会話とは、聞いたり話したり、キャッチボールをすることだから。

それでも、彼らは何か、否定的なこと言われることを極端に嫌う。

よく見るパターンは、役所の係員や宗教をやっている人たちが、彼らに諭すようなこと、たしなめるようなことを言ってくると、「オレはそんなふうに、とやかく言われるのがイヤで、ホームレスやってんだ！」とキレる。

う〜〜ん、正論である。訪問する側も、人間関係が構築されていない状態で他人を諭すなんて、たいした上から目線だと私は思う。

よく愛さんがこんなことを言う。

「ホームレスたちは、ものすごく人の好き嫌いに敏感だ。嫌いな人間は徹底的に避ける。避けて逃げて、ここにいるのだから。だから、ホームレスたちが話しかけてくる人間は、あいつらに好かれてるってことだよ」

そうなんだ。いつもバタバタと走り回って、ろくに話し相手もできない私でも、話しかけてくれたり、ゴミ捨て場の戦利品（たいていは模造品のアクセサリーとか、拾った雑貨とかだが）をくれるのは、多少好意を持ってくれているのだろうか?

いくら好意を持ってくれていても、高価そうなアクセサリーとかだと、思わず「これ……、ほんとに拾ったの?」と聞くと、「当たり前じゃないかぁ〜」と言われるのだが、本当かどうか。

彼らは名前だって、本名かどうか分からない。素性や出身地、家族の話も、どれもどこまでが本当かうそかは分からない。

もしかしたら、全てが悲しいうそなのかもしれないのだから。

そんな河川敷のホームレスたちに、愛さんは年に一度お盆のときに、バーベキューパーティーを開いている。

牛や豚のお肉、大エビに貝つきのホタテ、サーモン、おにぎり。そして、彼らの大好物のお酒は純米酒、大量の冷えたビールという大盤振る舞い。日ごろは、発泡酒や合成酒ばかり飲んでいる彼らには大ごちそうだ。私はさりげなく野菜を焼くのだが、野菜を食べる人は誰もいない……。

彼らはこの愛さん主催のパーティーを、毎年すご〜く楽しみ♪　にしていて、お盆が近くなると「いつですか?」「誰々も呼びますか?」と、ウキウキした催促が入る。

愛さんはできるだけ、知りうる限りの、河川敷のホームレスに参加の声をかけてまわる。

「10分でいいから顔だせや」「誰とも話さなくていいから、うまい酒だけ飲みに来いよ」「たくさん肉焼くから、肉食いに来いや」

藪をかき分けかき分け、広い河川敷中、一人ひとりに声をかけてまわる。

それは、家族や社会から逃げてきた彼らへの、「俺だけはお前を待っているぞ」という、そんな形なき生へのメッセージ。

ホームレスの中には、愛さんとだけしか話しをしない、という人も少なくない。

「ここでは素性も過去も名前も、うそで構わない。ただ、俺だけには本名を言え。本名が分からないと、何かあったとき、緊急手術や入院もできないし、身元の照合もできないからな」

愛さんだけが、本名を知っている人も少なくないのだ。

なぜ、愛さんはこんなパーティーを毎年開くのか？　愛さん自身はお酒も煙草《たばこ》もやらず、ホームレスとは、必要以上の付き合いを持たないにもかかわらずだ。30人近くが集まり、費用だって莫大なのだから。

パーティーを見ていると、愛さんが一人ひとり、ホームレス同士を紹介している。

「こいつは川内、どこそこの木の奥に住んでんだ。こいつは高梨、グラウンドを曲がったとこにいるんだ。姿が見えなかったら声かけてくれな」

住所も、つながりもないここ河川敷では、何かあったときにホームレス仲間が唯一の命綱。

最近、誰それの姿を見ないな、と思ったら声をかけてみる。そんなことをしていかないと倒れていても、携帯電話を持たない彼らは、生き死にの問題になる。中には死後何日もたっていて、腐乱している遺体も出たりするのだから。

そんな彼らのために、愛さんは年に一度、顔合わせをしているのだ。さらに愛さんは、お正月にはホームレスたちに、ポチ袋に入れたお年玉を渡していた。何十人もいるのだから、そんなに大きな金額でないにしろ、彼らは「愛さんからもらったお年玉で、自転車のパンクを直せた」「3年ぶりにパンツを買った」「長ぐつが買えて助かった」などと喜んでいた。

いつもはホームレスに厳しい愛さんだが、人知れずこのようなことをやっていた。

なんとゆーか昭和任侠道。映画の世界みたいだなぁ……。

私には初めての感覚、経験ばかりだった。

そんな中、いくら愛さんが誘ってもガンとして、バーベキューに参加しない人も少なからずいた。中には何十年も誰とも話さず、年に数度、愛さんと挨拶をかわすだけ、そんな人さえいた。

一昨年、そんな一人の老ホームレスが藪の中で死んでいた。

たぶん熱中症ではないかと思われたが、河川敷の藪の中で暮らすホームレスは、どのような形で死んでいても不思議ではない。

私がいつもエサやりに通る道の、ほんの少し奥まった藪の中。そこに、今回亡くなっていた人の住居があったのだが、それは驚くべき光景だった。

ただの藪のくぼみに散乱するゴミに埋もれて、ブルーシートが1枚あるだけの住居。小屋もなく段ボールも屋根もない。この人は30年、ここでこの藪のくぼみで、ブルーシートをかけただけの生活をしていたのだ！

なんということだろう。河川敷の夏は、遮るもののない直射日光の灼熱地帯。冬は近くの街中よりも3～4度は温度が低く極寒。川を渡る冷風も直撃する。もちろん、雨が降ればこのようなくぼ地は途端に池へと変わる。

こんな状況で人間が生きていけたことが、私には衝撃だった。

「こいつは俺だけとしか、話さなかったんだ」と愛さん。

「そうですか……。こんなところに人が住んでいたなんて、全然気づきませんでした。缶集めとかで生計を立てていたんですか？」

「何もやってなかったよ。ゴミをあさって食いつないでいた。缶にも行かない。乞食だな」

言葉がなかった。ホームレスの間では、缶集めや、不用品を仕分けて部品などを取り出して売ることを「仕事」と呼んでいた。確かに、缶などに行く彼らは、まだ日も上がらぬうちから仕事に出かけ、お昼前には帰宅する。たいていが6～8時間労働である。

アルミの缶はリーマンショック以前は、1キロ160円。リーマンショック後は一時キロ80円にまで暴落したという。2014年には、ほぼ元通り安定した金額に戻ったそうだ。

効率良い缶の集め方や、積み方はいろいろ各自が工夫。命綱の自転車もさまざまな工夫がこらされて、中には「中国雑技団!?」というくらいの技を持つ人もいる。遠目から見ると、自転車をこいでいる人間が、積み上げられた缶の袋に埋もれて見えず、何袋もの缶を詰めた巨大な袋が、自転車をこいでいるように見え、その様はまるで曲芸師のようである。

そんな缶集めをやっていない者は、福祉（生活保護）を受けるか、ゴミをあさったりすることになる。それでもたいていのホームレスは、缶を集めて日銭を稼ぎ、小さなコミュニティーを作って、お茶やお酒を飲み、おしゃべりをしていることも多い。

そのような缶もやらず、愛さんのバーベキューにも参加せず、周囲の人とも関わらず、集落から離れた河川敷に暮らす人がいた。忍さん。60代前半くらいの男性で、彼は重病を抱え、いつも酸素ボンベを引きずりながら、医療保護を受けるまで、河川敷の小屋で1匹の猫と暮らしていた。彼は「トラ」と名づけたキジ白のオスを子猫のときに拾い、トラを抱きかかえて、河川敷に流れついたのだった。

彼はトラをたいそうかわいがり、長年一緒に暮らしていた。

元来、几帳面な彼の小屋の前には、良く手入れされた畑もあった。

私が愛さんを通して、忍さんと知り合ったのは、施設に通い出した間もないころである。

忍さんはほとんど周囲の人とは関わらず、自分の小屋でトラと畑の世話、読書、スケッチに時間を割いているようだった。

人嫌いの忍さんと猫嫌いなトラ。

「ほんとに飼い主に似るなぁ……」

寄り添って生きる彼らに、いつもそう感じていた。忍さんもここで年を重ね、トラももう10歳も後半といったところだった。

トラが病気になると、忍さんが愛さんの施設を訪ね、愛さんが病院に連れていく。口内炎がひどく、トラの歯がものすごく悪くなり、ご飯が食べられなくなったときは、犬歯を残して抜歯。そんなトラが食べなくなると、私は点滴をしに通っていた。そんな繰り返しの中、トラもまた、河川敷で年を重ねていった。

人嫌い・猫嫌いのトラは、人が来ると、「にゃぁ〜にゃぁ〜」と呼ぶくせに、なでようとすると、シァッ！　と爪を出す。それはまるで、人に近寄りたいが近寄らせない、飼い主の忍さんの人生を投影しているようであった。

引っかかれても引っかかれても、近くを通ると私は必ずトラを呼び、なでようと手を出し、また引っかかれていた。


河川敷の猫たちのエサやりにいくときに、たまに会う忍さんは体がむくみ、顔がぱんぱんに腫れ上がり、酸素ボンベを引きずりながらとても苦しそうであった。少し歩いても話しても、ヒューヒューと呼気がもれる。

そのころ彼はすでに、医療保護を受けていて、河川敷の小屋から近くのアパートに居を移し、ひんぱんに病院に通っていた。

過酷な河川敷生活は、体が強靱でないとできない。
一時はかなり深刻な状況であったらしく、ほどなく入院して、無人になった忍さんの小屋には
トラだけが残された。ひたすらにお父さん（忍さん）の帰りを待つトラの世話役に、愛さんの手
配で、小林さん（50代後半？）というホームレスが、忍さんの小屋に住むようになった。（84頁
参照）

小林さんは自分には「自閉症がある」といい、確かにそのような感じが見受けられる。ここ河
川敷には、そのような障害を持つ人が少なくない。
猫のことが分からない小林さんに、愛さんはトラのご飯をひんぱんに持って行き、缶詰とドラ
イ、水を切らさないように何度も説明していた。
トラのように飼い主がいなくなった猫は、愛さんの施設に連れてきたほうがいいのだが、トラ
はわがままで自己主張が激しく、キツイ割にケンカが弱い（全部抜歯しているから）。そのよう
な猫は、施設で自由にしている子とうまくやれるハズもなく、仕方なく小林さんにお願いしてい
る、という状況だった。
エサやりのとき出会うたびに、「トラはどうですか？　ご飯食べてますか？」と聞くと、「食べ
てるよ」と必ず言うので、「どれくらい？」と具体的な量を聞く。優しい人なのだが、ちゃんと

量を聞かないと、トラの健康状態が分からない。

しかし、当の小林さんはそこまでトラに興味がないらしく、いつもトラの話の最中に、いろいろなものを取り出して私にくれた。

それは、100均でも売れないようなおもちゃのアクセサリーや銀行のお皿、スカーフ、ひざ掛け。ゴミ捨て場で拾ってきた物なのは見て分かる。正直、う〜むと思いつつ、「わぁ、ありがとう」と受け取る。盗品じゃないみたいだから、いいやね。


それから半年ほどしたある冬の日、小林さんが夕方、施設にトラを連れてきた。

ひと目見ただけで、瀕死なのが分かるくらい。

極端な脱水状態、口からよだれをダラダラと垂らして、頭はゆらゆら揺れていて、目の焦点も定まらない。

「トラ！　どしたの⁉　いつからこんな状態なんですか？」

「う〜ん、10日くらい前かなぁ……」

そののん気な答えに、愛さんのカミナリが落ちる。

いつも愛さんに「とにかく、様子が変だったら早め早めに連れて来い。いつも、すぐに病院に行けるわけじゃないんだから」と言われているにかかわらず、早めに来る人はいない。

すぐに、病院で治療をして連日の点滴通い。

わがままで猫嫌いのトラは、1匹でシェルターの小屋をひとつ占領する。

1週間の点滴を経て、トラ、奇跡の復活！

元気になるとともに爪も出すので、早々に小林さんに帰しに行く。トラはほかの猫とは、うまく折り合いをつけられないので、集落から離れたこの小屋でしか暮らせない。

「小林さん、トラのこと、またよろしくお願いします。今度食べないようだったら、すぐに連れてきてくださいね。寒くなってきたから、小林さんも風邪ひかないようにしてくださいね」

そう声をかけ、厚手の靴下と温めたコーンスープと、ちんした惣菜パンを渡す。

「ありがとう」にっこり笑った彼は、ちょっぴり照れているようだった。


トラの世話を臨時でしてくれていた小林さんが、福祉の世話になって河川敷を出たと聞いたのは、それからしばらく後のことだった。

代わりに、トラの本当の飼い主の忍さんが、長い入院を終えて、河川敷近くの福祉アパートに帰ってきた。

体のむくみもなく、以前より体調が良さそう。

福祉を受けるとペットなどは飼えないため、忍さんはアパートから小林さんが去ったあとの、元の自分の小屋に通い始めた。

　この小屋に帰ってくる、誰かを待つトラのために。

　雨の日は合羽を着て、風の強い日は自転車を押しながら、時に酸素吸引をしながら、来る日も来る日も彼はトラに会いに、自分のアパートから河川敷に通っていた。

　忍さんは毎日30分ほど、河川敷の小屋でトラにブラシをかけたり、いろいろな種類のご飯を小皿に分けてあげたりと、ひたすらにトラの世話をして過ごしていた。トラはそんな彼を、毎日毎日、小屋の外で待っていた。

　たいていは彼を出迎えていたトラだが、姿が見えずとも、「ピー！」と指笛を鳴らすと、どこからともなく、トラが忍さんの元に駆け寄って来る。

「すご～い。忠犬ならぬ、忠猫トラですね」

そういうと、忍さんはどこか誇らしげな表情。

夕方、トラの姿が見えないと、いつまでもトラを探し、それでもいないと、愛さんのところに来て「トラがいない」「もみじやあおい（施設の猫）が来ていて、いじめられたのかも」「ピースが小屋に来ていて、トラが近寄れない」と、よく訴えていた。

愛さんは、トラがわがままなケンカ猫なのを知っていたので、「少し様子見れ。外で暮らす猫たちは、どうしてもそういうことがあるんだから」と、たしなめていた。「そうですね……」と、とぼとぼ来た道を戻る彼だが、愛さんの言葉どおり、数時間でトラは忍さんのもとに戻って来る。

小屋の周りに嫌いな猫はいないかと、まわりをきょろきょろ見渡しながら戻るトラの姿は、いつも自分に意見する人間を、注意深く避ける忍さんの姿のようにも見えた。


そのあとも、忍さんはよく「ハクビシンが出て、トラが怖がってる」「タヌキが来ている。トラが襲われてしまう。どうにかなりませんか」と、愛さんに訴えに来るのだが、河川敷の小屋に住んでいる以上、野生動物はどうしようもない。そのたびに愛さんにたしなめられる。

確かに忍さんの心配はすごく分かるけど、こればかりは仕方がない。

忍さんは愛さんに、ハクビシンやタヌキを駆除してほしかったようだが、河川敷で生きる命は平等だ。

河川敷のホームレスたちは、ことあるごとに愛さんに怒られ、ときには蹴っ飛ばされたりするのだが（まぁ、そのくらいで済んでよかったね、ということを彼らはしでかすのだが）みな、愛さんのことが大好きなよう。

「愛さんに足を向けて寝られない」「愛さんは命の恩人」「愛さんのお陰で福祉を受けられた」みなそう言いながら、いつもいつも愛さんに迷惑をかける。そんなとき、私たちは、「まぁ、だからホームレスをやってんだよね」と、いつもその言葉に行き着き、自分を納得させる。

忍さんもことあるごとに、「どんなに愛さんがすごい人か」「愛さんから、どれくらい命の尊さを学んだか」ということを、延々と私に語るのだ。

そんな信望が厚い愛さんの言葉は、彼らには鶴の一声であった。

忍さんは当初、私の姿を見つけるたびに走り寄って来て、私の細かいプライベートを聞きたがった。私がその話題を適当にはぐらかしていると、次に彼は、「あなたのやってることは偽善だよ」「ホームレスと関わるのはよくない。結局みんな迷惑する」などのお説教をし始めた。

もうもう、私の姿を見つけると、小走りに走りよりお説教。

「妙玄さ〜〜〜ん」きょうも彼は、私にお説教をしに駆け寄ってくる。

これは陰性のストロークと呼ばれるもので、ストロークとは心理学用語で「人の存在を認める行為」と定義されている。

ストロークには「陽性・肯定」と「陰性・否定」があり、通常は陽性・肯定のストロークで人は相手と円滑な交流をはかろうと努力する。

しかし、実は人との交流には、この陰性のストロークのほうが、より深い交流パターンとなることがある。

例えば、恋人の気を引こうとして病気だとうそをつく。忙しい母親の注意を自分に向けたくて、子供がわざと物を壊したりこぼしたりする。

要は自分にかまってほしくて、相手を怒らせる（ちょっかいを出す）という交流パターン。

もちろん、これを相手にやり続けると、人は離れていくものなのだが、**〝相手のイヤなことをする、言う〟という行為は、一時的とはいえ、相手の気を引きつけるのに確かに有効な方法である。**

ここ河川敷では、このようなコミュニケーションの方法を取る人が多く、カウンセラーという職業の私でも「キツイなぁ」と、泣きたくなること、傷つくことも多い。ホームレスさんはクライアントではないし、彼らとの付き合いは仕事でもないのだから。

それでも彼らは、「オレはホームレスだし、頭が悪いし、あなたとは違うよ」と、自分の立場を免罪符にすることも少なくない。

「私は僧侶だしカウンセラーだけど、私だって未熟な人間だよ。ただ、あなたを理解したいと、必死に努力しているだけなんだよ」

もう何万回、この言葉を飲み込んできただろう。


忍さんは説教のあと、さらに、「釈尊というのは……」「キリストは……」「サルトルは言った。神は死んだと」云々かんぬんと、宗教や哲学の話をしたがった。

なるべく会ったときには、立ち止まって話を聞くようにしていたが、いくら時間があっても足りない環境の私には、どうにも話をゆっくり聞く余裕がない。

いつも立て板に水の如く、とうとうと自分の哲学を語りだす彼は、まわりのホームレス仲間からも敬遠され、話を聞いてくれる人に飢えていたのだと思う。個人の哲学って、他人からしたら分からないことが多いし、延々と一方的に話されたらキツイよね。


あるとき、「ギャァー！　た、大変！　病院の受付に間に合わない！　早く早く行かなきゃ！」

と、猫を抱えて慌てているときに、忍さんがスケッチブックを持ってやってきた。

（うわぁぁぁー！）心で叫ぶ。

バタバタとケージやらタオルやらを用意しながら、「忍さ～ん、すみませ～ん。すぐに獣医さんに行かないとならないんだぁ。どうしました～？　帰ってきてからでもいいですかねぇ～」走りながらそう言うと、「妙玄さん、ほんの少しでいいんだよ」とスケッチブックを開いた。そこにはさまざまな風景画に混じって、大きな字で「トラは家族です」と書かれた、トラの肖像画があった。

「うわぁ～、トラ、そっくりですねぇ～。素敵！」そう言うと、彼はトラがどんなに大切か、自分はトラが死んだら、後追いをしてしまうかもしれないと、とうとうと語り出した。

「忍さん、ごめんなさい！　お話ゆっくり聞きたいのですが、お昼に手術してもらう子を、今から獣医さんに連れて行かないとならないんです。ごめんなさい。もう受付に間に合わないかも、という時間なので……」そう伝えても、「少しだから、少しだから」と彼はトラの話をしたがった。

「ごめんなさい。また今度、聞かせてください。ほんとにごめんなさい、時間がなくて」と、私は車に飛び乗った。

バックミラーを見ると、スケッチブックを開いたまま、悲しそうに佇む彼の姿が胸に痛かった。

それから、河川敷で友人がいない彼と時間がない私。どうにかコンタクトが取れないものかと考え、ひとつの方法を思いついた。

忍さんの小屋のドアに、メモをはさむことにしたのだ。もしかしたら、イヤかなぁ。ま、やってみよう。

〈いつも、バタバタ慌ただしくしていて、なかなかお話できないので、メモをおきますね〉と書いてメモ置きを始めてみた。メモの内容はたわいもないこと。

〈お帰りなさい。きょうのトラは長く伸びて寝てましたよ（イラストのトラ）〉〈トラの写真を撮りました（写真付き）〉〈お疲れさま！　きょうは寒いからマフラーしたほうがいいですよ〉〈きょう、トラは足次郎とにらみ合い。私、双方、散らしました（笑）〉〈本日のトラ（トラの写真）〉〈おいしい猫用クッキーおすそ分けで～す（クッキーの小袋付き）〉など。

イヤかなぁ～という心配をよそに、会ったときに彼は、

「いつもメモをありがとうございます。すごく楽しみで、毎日とってあります」

と言ってくれた。

よかった。メモならばうちで用意できるから、なんとか続けることができそうだ。

できるだけ、メモを置きに忍さんの小屋に通う。

トラはいつでも、小屋の外でお父さんが来る方向を見て待っていた。
「トラ。きょうはお父さんまだなの？」
「トラ。寒いから小屋に入って待ってなさい」
「トラ。トラ……」

引っかかれてもシャァーシャァー言われても、そんなふうにトラと関わっていたら、メモを受け入れてくれた、忍さんの気持ちの軟化と同調するように、トラが私に抱っこをせがむようになった。

嬉しい！　確かに嬉しいのだが……。トラは抱っこされると、降ろされるのをとても嫌がった。抱っこをすると、爪を出してガシーっとしがみついてくる。小さな声で「う～う～」と、抱きしめることを催促する。

じ、時間が……。ここでも、また時間がないこととの葛藤になる。

それでも私はメモを置きに行ったときは、必ずトラを呼んで抱っこをして、なでながら「トラはいい子」「トラはかわいい」と話しかけて、片手で周辺のほかの猫たちのエサやりや水を替え、少しでも抱いている時間を工夫した。

必死にしがみつき、降ろされないようにするトラを、体から引き離すのは毎回つらかった。地面に降ろすとトラは必ずシャァ！　と爪を出して引っかこうとした。「行かないで」そんな言葉とともに。

忍さんとのメモのやりとり、トラとの交流が穏やかに続くとともに、彼らの体調も安定しているようだった。良かった。そう安心していたころ、クリスマスがやってきた。

私は顔見知りのホームレスさんたちに、毎年クリスマスにプレゼントをお渡ししていた。毎回20～30個くらいの用意になるので、中身は厚手の靴下か手袋。その中にハートのチョコを1個入れる。それから、いろいろと組み合わせたお菓子にホカロン。まぁ、子供だましなのだが、綺麗にラッピングしてリボンをかけたプレゼントって、開けるときにワクワク♪　するし、1種類じゃなくて幾つかあったら、楽しいかなって。そして、必ずその人宛の手書きのメッセージをつける。自分だけに向けての、このメッセージはなかなか好評であった。

忍さんもたまに、哲学書やマフラーなどを私にくれた。私は快く受け取らせてもらった。〝誰かにプレゼントを贈る〟、人にはこんな喜びもあるからだ。贈り物をする相手がいるということは幸せなことだ。

しかし、私がクリスマスプレゼントを配り終えたあと、忍さんから思わぬことを言われた。

「妙玄さん、もうメモをやめてください。もう誰とも関わり合いたくないんです。どうぞ、ほかのホームレスはいいけど、自分はもういいです」

「そうですか。分かりました。ただ、トラの具合が悪いときは連れて来てくださいね」

私は短く答えた。これは私の推測になるが、彼はほかのホームレスと自分が同じプレゼント、同じ扱いなことに傷ついたのではないだろうか？　と。

人間関係が苦手という人は、人との距離の取り方が極端なことが多い。まったく離れて関わらないか、恋人のように親密か、という極端な距離感。この極端な二極化が、自分を追い込むことが少なくない。

人との距離、または物事はゼロか全てかではなく、付き合い方の距離感が細分化（長さの種類がたくさんある）されているものである。

「友人」というくくりでも、ものすごく近い距離の友人から、少し近い、ちょっと遠い。友人なんだけど、そんなに好きではないからたまにでいい、などさまざまな距離感がある。

彼らホームレスは、「自分の話を聞いてくれる」「自分を攻撃しない安心な人」と思うと、心理的な距離を現実に反映する。要は話すときの距離が近いのだ。もう顔がくっつきそうに近づけて話す人も多く、私が何気なく1歩引くと、ずいっとまた1歩前に出る。

彼らは無意識に「恋人・深い交流」の立ち位置を取りたがる。

私は女性だし、恋人でもない男性に、この顔がくっつきそうな立ち位置を取られると、女性の本能が「不快」や「恐怖」を感じるのだ。

何度下がっても前に出られるので「こらこら、近いよ〜」と、冗談ぽく言うと、彼らは傷つくのだ。でもこれは仕方がない。自己の耐性がない人ほど傷つきやすいのだが、私の快・不快も大切だから。ここで長く関わっていくためには、イヤなこと、できないこと、やりたくないことは明確にしていくことが、長期にわたり、健全に彼らと関わっていく大切な部分でもある。

忍さんは、たまに思い出したように、

「もう誰とも関わらない。早く死にたいけど、なかなか自分で死ねない」

と、私や愛さんに訴えに来ていた。

関わらない、ということを言いに、彼は必死に関わりに来ていた。

それは、「にゃぁ〜にゃぁ〜」と私や愛さんを呼ぶくせに、抱こうとすると、「シャァーっ！」と爪を出す、また抱いたあと放そうとすると、攻撃をするトラとよく似ていた。

本当にペットは、飼い主の心を投影（映し出す）する。

また、「死にたい」という彼のそんな心理に従うように、体の病も進行しているようだった。歩くだけで息が切れる彼を、トラは相変わらず毎日毎日、小屋の外で待っていた。

「死に切れない」「もがいている」「迷惑をかけないで死にたい」相変わらず忍さんは、そんなことを繰り返し言っていた。

愛さんや私は、自分の仕事を抱えながら施設の作業があり、そんな彼の思いを受け止めきれない。忍さんもほかのホームレスと多少なりとも交流を持てば、そのコミュニティーの中で発散もできるのだろうが、（みんなものすごく時間があるから）「自分の哲学だけを聞いてほしい」「自分のつらさだけ受け止めてほしい」「人の話は聞きたくないが、自分の話は聞いてほしい」これが彼の望みだったから、ホームレス仲間からも避けられる。彼は誰とも付き合わず、相変わらずトラだけが唯一無二の存在だった。

そんな孤独でややこしいお父さんを、トラはひたすらに待っていた。


あるとき、そんな彼らの関係に大異変が起こった！

トラが忍さんの小屋から離れ、橋の下に住むじんちゃんの小屋に、出入りを始めたのだ。

橋の下というのは、河川敷のホームレスの中でも一等地。なにしろ、橋という屋根があるのだから。その橋の下に住む、数人のホームレスさんが用意したテーブルセットには、いつも必ず、周辺のホームレス誰かしらがたむろして、長いおしゃべりや宴会をしていた。

トラは、ポツンと集落から離れていた忍さんの小屋から、人がたくさんいる橋の下に自ら移動し、いつも人のそばにいたがった。

年寄りでヨボヨボガリガリ。体が弱いトラは、人気《ひとけ》のない忍さんの小屋にいるよりも、このような四六時中、誰かがいる場所にいたほうが安全ではある。

しかし誰の世話にもならない、関わらないと言い続けていた忍さんが、案の定、愛さんを訪ねてきた。

「橋の下のホームレスがトラにご飯をやるから、自分の小屋からいなくなった。ご飯をやらないようにして、トラを小屋に返してほしい」

そんな忍さんに、愛さんが静かに言う。

「忍。トラは猫だ。つながれてもいない。河川敷で自由にしている猫だ。どこでも居たいところにいる。どこにいるかはお前じゃなく、トラが決めることだろう。それに年寄りで病気もある。動きが緩慢なトラは、人がいつもいる橋の下にいたほうが安全じゃないか。お前が橋の下にトラに会いに行ってあげたらどうだ」

愛さん、直球の正論。

「はい……」忍さんは小さくつぶやいて、うなだれて帰って行った。

「気の毒ですね。あんなに大事にしていた自分の猫が、ほかの人のところにいっちゃうなんて」

トラが唯一の生きる支えだった彼の気持ちを考えると、なんともやりきれなかった。それにしても、なんでトラはこんな行動をとったのだろうか？

忍さんの小屋から橋の下に来るようになった
ヨボヨボのトラ

それから夕方になると、なんと！　橋の下の宴会に参加している、忍さんの姿を見かけるようになった。しかし、私が河川敷の猫のエサやりを終えて、ほかのホームレスさんのところに顔を出し、施設に戻り、さらに帰る時間になっても、まだ彼は長々と橋の下にいた。

うう～ん。また自分の哲学とか説教とか、延々と語ってないといいけど。

1週間もしたころ洋子さんが、神妙な面持ちで施設にやってきた。

「あの〜。忍さんが何時間も居座って、ず〜っと訳の分からない話をするの。みんなすぐに逃げちゃうんだけど、私がいつも残されちゃって……。オレの話を聞いてんのか！　とか、ちゃんと聞け！　とか、もうすごいの。トラが橋の下に来たのは、じんちゃんのせいだとか。べろんべろんに酔っ払っているし、もうやんなっちゃって……」

ああ、やっぱりそうかぁ。

「それにね。トラは最近、忍さんが来ると、じんちゃんの小屋の中に隠れちゃうの。それをまた、忍さんが怒って……」

あー。猫の行動は制御しようがないし、またコントロールをするものでもない。トラのその行動は、何らかの意味があって、トラ自身が決めたことなのだろう。

あんなに、毎日毎日、忍さんを待ち続け、どんなにほかの猫にいじめられても、決して彼の小屋から離れなかったトラが、自ら小屋を離れた理由はなにかあるのだと思うのだ。

そんな最中、トラが倒れた！　と、じんちゃんがトラを施設に連れてきた。

トラは何度も危篤を乗り越えて、復活してきた猫なのだが、いかんせんかなりな高齢。

作業を短縮して病院に向かう。検査・点滴・注射やらの処置をしていただき、帰路、車の中で、

「トラよかったね。しばらく点滴すれば、今回も大丈夫みたいだね」そう声をかけると、トラは「にゃぁ〜」と答えてくれた。

ふぅ〜。今晩行くはずだった、高額なお芝居のチケットがパーになったことに、大きなため息がもれる。友人との約束も、たま〜のお出かけも、いつもキャンセルだなぁ。

河川敷のじんちゃんの小屋にトラを連れて行くと、忍さんが来ていた。私を見つけると彼は駆け寄ってきた。

「忍さん、トラね、検査して点滴と治療してもらってきたの。しばらく点滴に通えば大丈夫みた……」ここまで、言いかけて（うっ！　酒クサっ！）。

忍さんはトラが病院に行ったあと、橋の下のホームレスにからみ、「お前たちのせいだ！」と、大立ち回りをしたらしかった。べろんべろんの彼は、私に向かって、

「もう殺してくれ！　殺しちゃってくれ！　死んでいいから！」

と、酒臭い息を吐きながら、そう叫んだ。その「殺してくれ」は、果たしてトラのことなのか、自分のことなのか分からないが、最近自分が行くと、じんちゃんの小屋に逃げ込んでしまうトラに、彼はそうとうイライラしているようだった。その行き場のない怒りが爆発したのだろう。

私は無言で、トラを抱えたまま施設に向かった。このままトラを置いていったら危険だと思ったし、さすがに自分の大切な用事をふいにして、彼の猫を病院に連れて行ったのに、「殺してくれ」はどうにも消化できなかった。高額な治療費だって愛さん持ちなのに。

愛さんに短く、ことの顛末を報告していると、おぼつかない足取りで忍さんが施設にやってきた。「わぁー‼　わぁー‼」と大声を出し「もう絶対、誰とも関わらない。愛さん、殺してください‼　殺してくださいよ‼」そんなことを叫びつづけていた。

「俺のところに酔っ払って来るな！」

愛さんに一喝された彼は、ハッと我に返ったように、一瞬黙り込み、

「はい。もう愛さんのところにも、河川敷にも来ません」

そう言って帰っていった。

それから忍さんは一度も河川敷に来ていない。

トラはたまに点滴をするのだが、じんちゃんや和田さんの小屋を行き来して、橋の下の集落で穏やかに過ごしている。

それからも、忍さんのことが気になって、河川敷に行くたびに忍さんの小屋に寄る。

「もう来ません」そう言ったときのままの状況で、小屋にはカギがかけられている。

ふ〜っ。行くたびにため息がもれる。

けれど彼のアパートを訪ねていったところで、今の私にできることはない。余計に事態をややこしくさせるのは目に見えていた。

ある日、忍さんの小屋のカギが壊されて、ギー、ギーと、扉が風にあおられて揺れていた。

ドクン！　心臓が鳴った。ドキドキどきどき……。

まさか、まさか……、誰もいなくなった小屋の中で、忍さんが……。

怖くて小屋の中を見られなかった。すぐに愛さんに伝えると、

「あれは俺がカギを壊して開けたんだ。チョコ（施設のネコ）が入り込んでいたから、小屋にご飯置いたんだ」

とのことだった。翌日、恐る恐る小屋をのぞくと、家主がいなくなったカビくさい小屋にもかかわらず、中は綺麗に整頓されていた。

見渡すと、忍さんがトラのためにと用意した数種類のドライフード、いくつもの缶詰め、猫用のスープ、おやつ、体をすくブラシは2種類あった。そこかしこに彼のトラへの愛情が転がっていた。

たとえ一方通行だとしても、やはり彼は彼なりにトラを愛していたのだ。

雨の日も、灼熱の日も、台風のときでも、酸素ボンベを引きずっても、忍さんは確かにトラに会いに通って来ていたのだ。一日も休まずに。

「あっ」私はあるものを見つけ、小さく声をあげた。

それは、テーブルの真ん中に置かれたコーヒーセットだった。

以前、忍さんが言った言葉が思いだされた。

「妙玄さん、コーヒー好きでしょう。小屋の中を大掃除して、コーヒーセットを用意したから招待しますよ。うまいコーヒーいれますから、飲みに来てください」

彼は会うたびに繰り返し、そんなことを言ってくれたのだが、集落から離れた河川敷の小屋に、一人で入ることが私にはできなかった。

「愛さんもコーヒー好きだから、施設でみんなで飲みましょうよ。ねぇ、忍さん、コーヒー入れに来て来て！」

そう提案したのだが、彼は施設には来なかった。

彼が私とコーヒーを飲みながら、たくさん自分のことを語りたかったのは分かっていた。愛さんがいたら、そんな自分のことを偉そうに語れない。

彼はみんなでコーヒーが飲みたかったんじゃなくて、誰かを独り占めしたかったのだ。

けど、だからこそ私は一人では行けなかった。

整頓された部屋の中の、使われなかったコーヒーセット。

胸がヒリヒリするのを感じた。

そのとき、「あっ！」突然、不思議だったトラの行動の意味が分かったような気がした。

トラがなぜ、忍さんの小屋を出たのか？

なぜそのあとに、河川敷で唯一コミュニティーを持つ、橋の下に移動したのか？

人を求めながら、人に嫌われることしかできないお父さんに、トラが唯一してあげられたこと。

それは、忍さんを橋の下のコミュニティーに誘導することだったのではないか？

自分が橋の下に移動することで、人との関わりを持たなかったお父さんを、橋の下まで誘導したのではあるまいか？

確かに、今までそんなコミュニティーに一切入らなかった彼が、トラを通じて、橋の下に寄るようになったのだから。しばらくは橋の下で寝そべるトラを見ながら、じんちゃんの小屋から出てくるトラを待ちながら楽しくホームレス仲間とお酒を飲み交わし、談笑をしていたのだから。

忍さんにとってトラがくれたこのチャンスは、最後のチャンスだったのだろう。人との関わりの最後の橋渡しだったように思えてならない。

トラは、こう言ってはいなかったか？

「父ちゃん、もう寂しいのはイヤだよ。一緒に橋の下に行こうよ。ね、僕が先に行ってるからさ。父ちゃんもおいでよ」

トラは父ちゃんが好きだった。父ちゃんを待ち続けた反面、同時にもうこの二人だけの、閉鎖された空間がイヤだったのだ。忍さんの心を見事に投影していたトラ。

（僕、人が集う、あっちの世界に行くよ）

それは、忍さんがどうしても、どうしても、できなかったことだったような気がする。

猫たちは生きることに貪欲で正直だ。

老猫がくれた、人とのつながりへの最後の最後のチャンス。

私たち人間はときとして、ちっぽけなプライドが、小さな意地が、そんなチャンスさえ逃してしまう。

そんなトラは、死ぬ間際にはボケてはいたが、正直に人を恋しがり、素直に抱っこをせがんだ。老猫にできたことが、最後まで老おやじにはできなかった。

忍さん、あっちの世界で待つトラに会ったら、ちゃんとトラの説教を聞くんだよ。
そんなあなたを愛してくれたのは、トラだけなのだから。

忍さんのトラ

6　猫ドアとノミ・ダニ受難

手先が器用で建築の知識も豊富なじんちゃんは、施設の頼れる「何でも屋」さん。

人は良いのだが、爆弾（執行猶予）を抱えているので、たまに、なにがしかでしょっぴかれ、長く帰ってこなかったりする。じんちゃんの仕事は通称「お宝探し」。宝探しとは、燃えないゴミの日に出されているゴミを拾い、文字通り「お宝」を探すのだ。

じんちゃんは自称お宝探しの名人で、時計や携帯やなにやらの部品から、十八金の破片とかを取り出したり、ブランド物の小物やデジカメ、貴金属などを拾ってきて、それを売ることを生業にしていた。

よく「これあげる」と、かわいい十八金の鈴とかアクセサリーをくれたが、出所が分からないので、もらってもそのまま机にしまっておいた。

そんな、じんちゃんの話はすごくおもしろい。カニ工船に乗っていた話とか（正規の乗船なのか、カニの密漁の話だったのかは不明）、怪しい組織での仕事や、流れの何でも屋の話など、まるで映画の出来事のような話が満載。

興奮して愛さんに話すと、白けた顔で「話半分に聞いとけ」と。まあね。きょう聞いた話もお宝探しの生業で2日で40万とか、ホントじゃないと思うんだけど。

ここ河川敷ではそんな話も「うんうん」と聞くのが不文律。

猫に対しては自ら何かするわけではないが、寄って来る猫の面倒は見てくれていた。


いつしか、じんちゃんの小屋周辺には、橋蔵《はしぞう》とベイビーという捨て猫が住みついた。じんちゃんは自分で稼いだお金でフードをあげていたが、それを知った愛さんが2匹の去勢を済ませ、じんちゃんの小屋に戻し（じんちゃんの猫じゃないんだけど）「食器が汚い」「ドライと缶詰と両方置けや」「猫が小屋に入れるようにしろ」などと、うるさく言っていた。


初冬になると河川敷はかなり寒い。そんなある日、じんちゃんの小屋のドアに大きな穴が開いていた。

「どうしたのこれ？　こんなに穴開けたら、風が入ってきて寒いでしょう？」

と私が聞くと、どうやらじんちゃんがお宝探しに出ている間に、愛さんが橋蔵とベイビーが出入りできるように、勝手に穴を開けたという。

河川敷は風がよく通る。愛さんに開けられた大きな穴からヒューヒューと音がしていた。

「さ、寒そう……」

じんちゃん災難。捨て猫にご飯をあげだしたばっかりに。ものすごくお気の毒

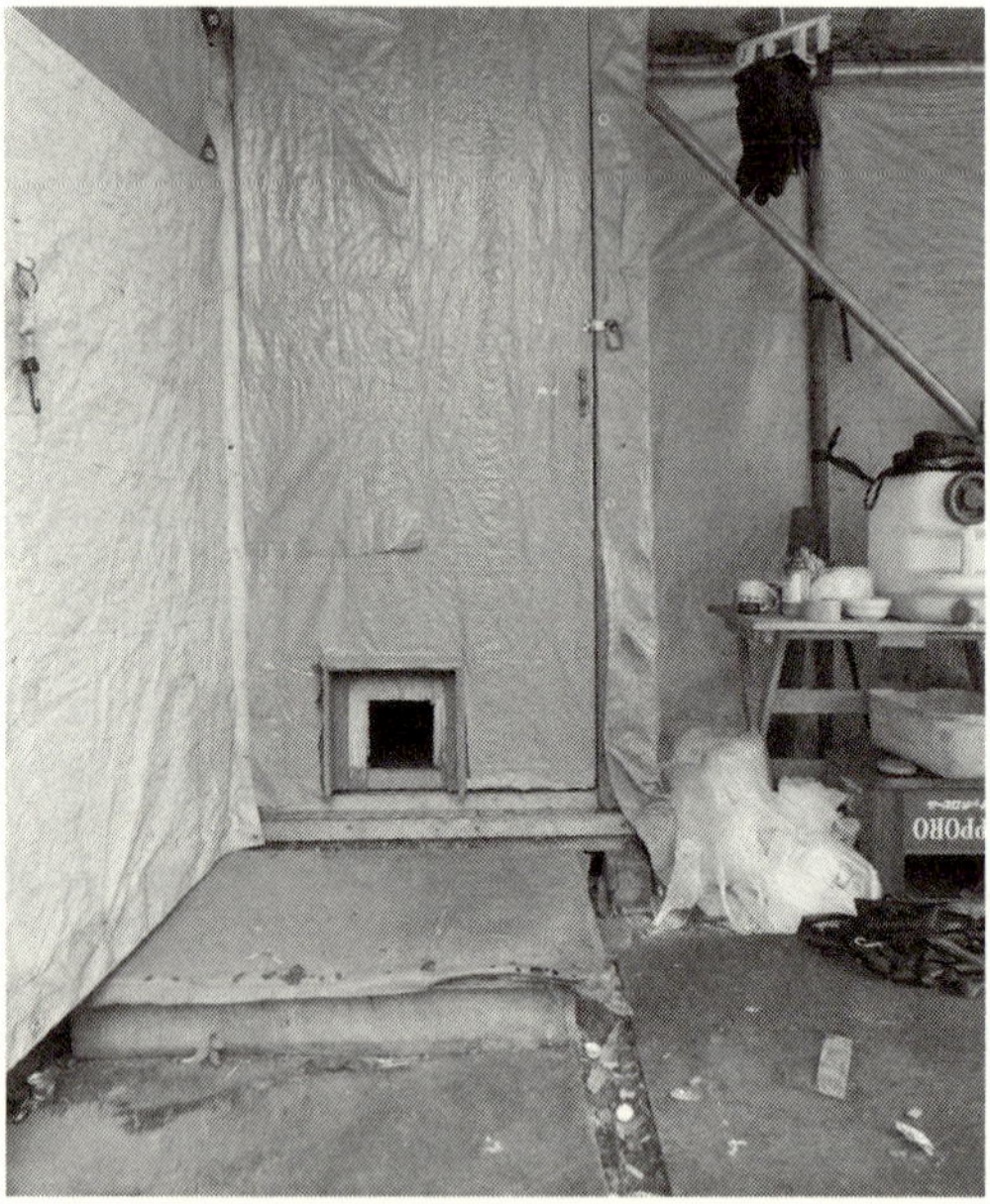

小屋は愛さんの手で猫ドアが開けられる

である。ちなみに、ここいら周辺のホームレス小屋の壁やブルーシートは、ことごとく愛さんに大きな穴を開けられていた。

変わって季節は夏。河川敷の夏は冬よりも過酷。寒さはいくぶん体が慣れるし、重ね着などで対応できる。たとえ電気がなくとも暖を取るのは難しくない。しかし、夏の暑さはどうにも逃げようがない。さらに河川敷は亜熱帯ジャングルと化し、ただでさえでかい虫が大量発生するのである。

そのころ、忍さんのトラ（第六話参照）が、長年住みついていた忍さんの小屋を家出し、じんちゃんの小屋に住みついた。

それを知った愛さんがさっそく、じんちゃんのところにやってきて、

「トラはもう長くないから、よく世話してやってくれ。トラはこの缶詰が好きだから。それと、様子が変だったら、すぐに連れて来い。それから……」

と、まるで旅行先から旦那に、猫のご飯の調合を細かく指示する奥さんのようである。

そんなある日、じんちゃんが見るも悲惨な頭で施設やってきた。

Short Short

「じんちゃん！　どしたの？　その頭ぁー⁉」

　思わず叫んでしまうほど、じんちゃんのスキンヘッドの頭や上半身はボコボコで、ところどころ真っ赤に腫れ上がっているではないか！

「これ、ダニとノミだね」

　ダニやノミにやられることは、河川敷にいたり、野良さんの保護活動をしていると、仕方のないことなんだけど、ここまでひどい状態は初めて見た。じんちゃんは「虫刺されの薬ある？」と聞くが、こんなにひどいと、どんな薬も効かない。きっと一日中かきむしり、夜も眠れないことだろう。

　猫を自分の小屋に入れているホームレスさんたちは、夏になると、藪《やぶ》と泥の上で過ごす猫についたノミ・ダニに加え、不潔な布団や自分が着ている洋服自体にもついたダニと、格闘するハメになる。

　もちろん、ノミ・ダニにやられると、猫もひどくかゆがり、ときには重症なアレルギーを起こす。かゆさのあまり尖《とが》った爪でかきむしり、頭や耳がはげてしまう猫も少なくない。

　愛さんは夏になるとホームレスさんが世話する猫全員に、高価なノミ・ダニよけの薬を配っているのだが、河川敷のダニ予防は追いつかない。

そんなホームレスの多くは、殺虫剤を虫よけスプレー替わりに、自分に向けて噴霧していた。殺虫剤とは文字通り、虫を殺す液体で、もちろん人体に付着すると有毒。

「決して人体に向けないでください。万が一、肌に付着した際はすぐに洗い流し、異常の際は医師に相談してください」

　こんな注意書きも意味がない。そもそも、用途が違うのだけど。

「かゆい！　かゆいぃぃーー！」

　じんちゃんもかゆさのあまり、殺虫剤を自分に噴霧していた。

　忍さんのトラや、流れ者のベイビーや橋蔵に、うっかりご飯をあげただけなのに、愛さんには小屋に穴を開けられ、ノミ・ダニには体中を食われ、じんちゃん、本当にお気の毒である。

End

〈第七話〉

神の入れ物を運ぶ仕送りおやじ

（ああ、ダ、ダンボール!?）
思わず、開けた戸を
閉めそうになる私。
なぜって、
段ボール＝猫。
猫＝病気。
または最悪、猫＝子猫。
もっと超最悪は、
猫＝子猫＝ひと腹（数匹）なのだ。

河川敷の遊歩道沿い、カーブを曲がった大きな木立の奥の奥に、たいそう立派な小屋を立てている野田さん。

色白で小柄。60代半ばくらい？　もう長いことホームレス生活をしていて、捨てられた数匹の猫たちの世話もしているおとなしい人。ほとんどほかのホームレス仲間とからまず、ひっそりと猫と共に暮らしている。空き缶集めなどの労働はせずに、親族から仕送りを受けているそう。親族も大変というか、ホームレス生活を成り立つようにしてしまっているというか……。

愛さんの施設の猫で、ほかの猫とうまくやれないジャック。ジャックは子猫のころ、片目が破裂した状態で、愛さんに保護された黒猫である。片目の野良さんで長毛。かなり特徴ある外見だ。

猫嫌いのジャックは、有象無象《うぞうむぞう》の猫がいる施設を家出して、あちこちの河川敷をさまよい、野田さんの小屋に定住を決めたらしい。ジャックはすんなりと野田さんの猫になっていたので、時おり愛さんがごはんを届けに訪れていた。

そんな野田さん、確かにおとなしくて優しい人なのだけど、難点は言っていることが、いつもよく分からないことだ。

ある年の11月、河川敷はすでにかなり寒い。

河川敷の猫たちのエサやりを終え、施設に戻り、早く帰ろうと帰り支度をしていると、

「すみませ〜ん。愛さんいますか？」

と、ホームレスさんの声がした。

（うう、誰？）

寒いし、原稿書きの仕事はあるし、帰るところだし……。

暗めで引きつった笑顔で応対すると、野田さんが段ボールを抱えている。

（ああ、ダ、ダンボール⁉）

思わず、開けた戸を閉めそうになる私。

なぜって、段ボール＝猫。猫＝病気。または最悪、猫＝子猫。もっと超最悪は、猫＝子猫＝ひと腹（数匹）なのだ。


そ〜〜っと段ボールをのぞくと、超最悪よりもっと最悪な事態。

すなわち赤ちゃん猫が5匹。それもまだ乳飲み子で、かつひどい猫風邪をひいていた。

「う……」固まる私に「すみません。これ、どうしよう」と野田さん。

（なんで？　なんで？　こんな真冬に乳飲み子なんて見つけるの⁉　それも5匹！　さらに死に

そうじゃん！　持ってくるのは簡単だけど、誰が世話するの⁉︎）

心の中で、野田さんを責める煩悩の塊の正直な私と、

（見つけちゃったんだから、仕方ない。というか、見つけてもらってこの子たちは助かったのね。気持ちよく引き取りましょうよ）

そういう、修行を積んだ来世の偉そうな私が葛藤する。

そして、思わず口から出たのは、

「えええー！　困るぅ～！　お金もかかるし、世話だってほんとに大変なんですよ‼」

という本音と、ものすごい嫌な顔。

僧侶にあるまじき言葉と態度。しかし、なんと言われようと、この子たちはお金もかかるし、往復2時間半の獣医さんにも通わないとならず、そのうえ3時間おきくらいのミルクや排泄補助、こまめな保温が必要なのだ。

この子たちが回復して離乳するまで、私は数か月、文字通り自分の仕事と施設の作業を抱えて、不眠不休の生活になる。子猫を持ってくるほうは置いていけば（やれやれ）と終わるが、私はそこから過酷な日々が始まり、それが数か月も続くのだ。

野田さんは、「あ、すみません。じゃあ、元のところに置いてきます」と。彼はホームレスで、

乳飲み子を病院に連れて行くことも、育てることもできない。

「ちょっ、ちょっと待って。仕方ないので、今回は預かります」

預かるときも、恩着せがましい言葉になっちゃった。ホームレスさんが子猫を持ってきた時点で、預かる選択肢しかないのに。

ああ、器が小さいなぁ、私。


「すみません。すみません」と何度も頭を下げながら、野田さんは帰って行った。

それから2か月。怒涛の治療&子育てのことは、記憶にないほど忙しかった。

不眠不休の私の鬼気迫る気合い勝ちなのか、子猫たちは1匹も死なずに、元気に里親会に出られるように育った。もう自分たちでご飯も食べられるし、里親会がある日まで、少し子猫を預かってもらおうと、野田さんの小屋を訪ねた。

いまさら預けなくてもいいのだが、このように少しは責任を持ってもらわないと、どんどこ猫を連れてこられても困るのだ。

愛さんは、施設維持のため早朝から夜まで仕事に行くので、世話ができるのが私しかいないのだから。

藪をかき分けてホームレスを訪ねる愛さん

あれ？　この辺なんだけどな？　木立に囲まれた、藪の奥の野田さんの小屋は入り口がよく分からない。さらに、いくつかの小屋が隣接していて、どれが野田さんの家か分からない。

「野田さぁ～ん！　野田さぁ～ん‼」

こういうときは、叫ぶに限る。

出て来ない。さ、寒い。かなり厚着をしていても、1月の河川敷の風は冷たいというより痛い。

「野田さぁ～～ん！　野田さぁ～～ん‼」

足踏みしながら叫ぶこと数分。のそのそ～っと、奥から野田さんが出てきた。

（なんだ、いるじゃん……。って、なんで半袖なの⁉）

ことの顛末《てんまつ》を立ち話し。野田さんはしき

りにお礼を言うが、もうそんなことより、

「なんで半袖なんですか？　寒いでしょう？」と聞くと、「え？　暑いですよ⁉」

あ、暑い⁉　1月も半ば。朝夕は分厚い氷も張る河川敷で、半袖で暑い？　何か体温調整の不具合の疾患があるのだろうか？

野田さんは「子猫、預かります」というが、だめだ……。このまま子猫を預けたら、また風邪ひかされる。

まあ、いいや。もうほとんど手もかからないからね。また子猫を抱えて来た道を帰った。

その子たちはその後、いつも子猫を里親会に連れて行ってくださる、マリアMさんの手腕によって、無事に里親さんが決定した。


生まれたばかりで、寒風吹きすさぶ河川敷に捨てられ、ひどい風邪をひいた手のひらサイズの小さな赤ちゃん猫。野田さんに発見されなければ、愛さんの施設がなかったら、そのまま死んでいった小さな命が、おのおの住む家と、守ってくれる飼い主さんのところにもらわれていく。

この捨てられていた小さな子猫は、新しい家庭ですくすくと成長し、家族の心のより所となり、家族をつなぐパイプとなり、かけがえのない存在になっていくのだろう。そして、十数年後、そのお役目が終わって天に帰るとき、家族から大泣きされて、送られることだろう。

それから少したって、また野田さんが「愛さん、いますか?」と訪ねてきた。

そろ〜っと、のぞくと、今回は段ボールを持っていなかった。

「愛さん、まだ帰られていませんよ。どうしました?」

「恐ろしい叫び声がしてね。きのうの晩なんだけど、うちの猫の断末魔の声が響いたんだ。あんな声、初めて聞いた。アライグマに襲われたんだと思う。引きずられていっちゃったんだよ。猫の姿が見えないんだ」

んん? 猫がアライグマに襲われた⁉ そんな話、初めて聞いたけど……。

「野田さん、アライグマ見たんですか?」

「見てない。けど、あんなことするの、アライグマしかいない。アライグマはかわいい顔して、熊なんだから。熊!」

ううう。困ったな。話が見えない。

アライグマが河川敷にいてもおかしくはないのだけど、この辺りで見た人もいないし、襲われたという猫もいない。猫がいなくなったのは事実とはいえ、その原因は不明だし、野田さんが聞いた悲鳴も、いったい何のものだったかも分からない。だいたい、この話を聞いて、私はどうしたらいいのか……。

「じゃあ、今の話を愛さんに伝えておきますから。猫が戻ってきたら、教えてくださいね」

ホームレスさんの言っていることは、本当なんだか、話を盛っているのか、うそなのか区別がつかないところがある。とはいえ、前回「愛さん、包丁を振り回している奴がいる！」と言いに飛び込んで来られたとき、またいつもの大げさ話だろうと思っていたら、本当だったりするからタチが悪い。河川敷ではこんな事件がよく起こる。

野田さんのアライグマも同様に、話がよく分からない。

帰宅した愛さんにその話を報告すると、愛さんは無言。すぐにまた野田さんがやってきて、愛さんにアライグマの話を始めたが、愛さんに「何言ってるか分からないから、ケガした猫が出てきたら連れて来い！」と一喝された。

なるほど、そういう対応ね……。適切。

それからひと月後、野田さんがまた段ボールを抱えてやってきた。

（またか……）ガックリと肩が落ちる。

段ボールには、大人の茶トラが1匹ぐったりしていて、瀕死の状態で横たわっていた。

「前にアライグマに襲われた猫なんだけど」というので、「ああ、野田さんの猫ですね」と聞くと、

「ううん。初めて見る野良猫」と答える。

「?・?・?（うちの猫がアライグマに襲われてって、前回言ったよね?）」

そう突っ込みたくなるが、話がややこしくなるから、

「この子、どうしたんですか?」と状況を聞いたのだが、これまた話が要領を得ない。

なんだか分からないけど、この子は「野良である」「瀕死である」という2点だけは分かった。

要は「瀕死の野良さんを見つけたから、どうしよう」ということだ。


こういう子を見つけてしまったのは仕方ない。仕方ないのだけれど、そのたびにただ連れて来られても、正直困るのだ。

河川敷にはエンドレスに猫はいるし、このような重症の子は、病院にも通わなければならず、お金も莫大にかかる可能性があるし、治療も世話も大変なのだ。

彼らは「オレたちはホームレスだから……」という言葉を免罪符にして、持ち込んだ猫を預けたら、その後は気持ち程度でもお金を持ってきたり、世話をしにきたりもしないのだから。

ここでもまた、「そう、なんでも持ち込まれても……」と、ポロリと本音がこぼれる。ああ、いやな坊主だなぁ。自己嫌悪。

そうしたら、「見て見ぬフリができなかったから」という言葉に続き、「オレの猫じゃないけど

ね」と言うではないか。

この言葉には思わず、「愛さんの猫でも、私の猫でもないですよ！」と言い返してしまった。そんな言い方に驚いたのか、「じゃあ、元の場所に置いてきます」と言う野田さん。そんな彼の言葉に対して、いつもは飲み込む言葉が嚥下《えんげ》できない。

「野田さん、愛さんや私はホームレスさんが子猫や病気の子を連れてきたら、受け取らざるを得ないんですよ。私たちには断る術がないんです。それに、このような子を連れて来られて、見せられて、じゃあ、元の場所に置いてくると言われても、はいそうですか、とはならないわけですよ」

私の言葉にどうしていいか分からず、野田さんが狼狽する。

私だって、こんなとき何がベストな対応なのかは分からない。

本当は、ほんとうはこう言いたいのだ。

「ああ、かわいそうに！　うちで預かりますね。今すぐ、病院に連れて行って、どこかこの子の治療スペースを作りますからね。こちらで世話をするから大丈夫ですよ。連れて来てくれて、ありがとう」

しかし、治療費も労力も、どこからか湧いてくるわけではないのもまた現実なのだ。

いずれにせよ、気持ちよく預かりますと言っても、言わなくても、結局は預かるハメになるのが常であった。

結果が同じなら、気持ちよく預かればいいのに、と思われそうだが、そういうわけにもいかない。そうしたら、気軽にどんどこ病気の子や子猫を持ち込まれるから。

河川敷でこんなことをやられたら、それこそ膨大な数、かつエンドレスになる。

とはいえ、愛さんはそのように膨大な数&エンドレスな数を、自費で引き受けて引き取って、もう25年以上。こんなことを繰り返しているのだ。

「野田さん、今回は預かりますね（ああ、今回は、って言うの何度目かなぁ）」

と言って、猫を預かる。けど、本当はこう言いたかったのだ。

「だけどね、瀕死の野良さんを持ち込んで、オレの猫じゃないけどね、という言い方は失礼ですよ」

けれど、また言葉を飲み込む。もう野田さんには、ひとつ「簡単に連れて来られるのは、困るんですよ」と伝えてしまったから。ホームレスさんの多くは、ふたつ言うと前のひとつを忘れる。

ここから先の説教臭い言葉、非難される言葉をホームレスは嫌うのだ。

社会での、そんな言葉から逃げて、逃げて、河川敷にいるのだから。

寸前のところで自分を抑える。冷静に考えてみたら、野田さんだって仕方ない行動なのだから。

「じゃあ、すみません。お願いします」

と申し訳なさそうに、何度も頭を下げる野田さんに、

「お預かりしますね。また様子を見に来てくださいね」

と、少しの責任を感じてもらう。そして、

「野田さん、今から空見て歩いてね～！　下向いて歩くと猫拾うから、上をむぅ～ういて、あ～るこぉおおう♪」

と歌って見送ると、野田さんが振り返ってニッコリと笑った。

こんなときはユーモアで締めるに限る。そうしないと、お互いが気まずくなるし、私自身やり場のない悪感情が抜けなくなるのだ。

こんなときにユーモアをひねり出す技を、私は6年間の河川敷に関わる生活の中で身につけていた。自分のために。自分が偉そうにならないよう、ただ相手を責めることで終わらぬよう、どんな状況でも決して人に失望しないように。そして私自身が楽しくボランティアができるように。

預かった野良さんは、すぐに病院に連れていき、即入院となった。ここでも器量のせまい私は、

（にゅ、入院！　いくらかかるのかな。レントゲンも撮ってもらったしなぁ）

器量はせまいが、切実である。

野良さんは外傷はないものの、のどの奥が潰瘍になって破れているとのこと。

翌日、「たぶん、長くないから、お返ししたほうがいいと思う」と、獣医師から告げられた。

「ドライフードはあげないで。のどからかなり出血したから、今度のどから出血したら、その時点で助からない。どのみち、かなり状態が悪いから、ここ数日だと思う」

お世話になっている赤ひげ先生は、愛さん個人の支払いなのをいつも考慮してくださる。

「はい、じゃあ、施設で送ります」と、野良さんを受け取る。

2本のペットボトルにお湯を入れ、タオルを巻いてきた。ふかふかベッドに野良さんを寝かし、両側にお手製のペットボトルの湯たんぽを入れる。

ふいに、涙があふれる。

「ごめんねぇ。あなたは瀕死でつらいのに、お金のことばかり心配しちゃって。ごめんねぇ。苦しいよねぇ」

ようやく我に返り、この子のことを考えられるようになった。

病院から帰ると野田さんが来ていたので、状況を話した。

「野田さん、来てくれてありがとうございます。また見舞ってあげてくださいね」

ここでもようやく相手を思いやれる言葉をかけられた。

まだまだな自分を、ちょっぴり褒める。

そのころ、ガソリン・灯油が高騰。施設の子たちには、朝から夜までの日中はストーブなしで、小屋の中に設置した、発砲スチロールを貼りタオルを敷いた段ボールの中で、寒さをしのいでもらっていた。

中には火がついていないストーブに、一生懸命あたっている子もいたりして、かわいそうなのだが、夜から朝の間につけるストーブも8〜10か所もあると、車のガソリンを含めて、燃料費だけで月に15万以上かかるのだ。

けれど、この瀕死の野良さんのような子はこの真冬、日中でもストーブが必要。

もちろん、愛さんは惜しみなくストーブをつけてあげるのだが、高齢で心臓や神経に持病を持つ愛さんもまた、冬は体調が良くない。このような個人の施設では常に、やりたいことと出来ることの葛藤になる。

灯油代に困っていたら、なんと私のブログを読んでくださっていた大阪在住のHさんが、灯油代をくださったのだ！　さっそく、シェルターのこの子の場所だけ昼間もストーブをつけたのだが、両側のシェルターにもじんわり暖かさがいくので、ほかの猫たちも恩恵にあずかれた。

その後2日半、野良さんは一日中暖かい部屋で、瀕死の状態ながら、好物の缶詰を2杯ずつ食べ、静かに、静かに息を引き取った。

大阪のHさんからいただいた灯油はなんと、ぴったり2日半分で、その子の人生の最後を暖めてくれた。

その後、Hさんにお礼のご報告をすると、Hさんは、

「そうですか、たった2日半の分しかなかったんですね。これでは、妙玄さんの著作本から気づかせていただいたものと、等価交換になりませんね」

と言われたので、

「Hさん、この子は野良人生の中で、初めてストーブにあたったんだと思います。死んでいく2日半でしたが、初めて凍えることのない冬を過ごし、暖かい部屋の中で苦しむことなく、静かに逝きました。Hさんがくださった灯油は〝2日半の分しかなかった〟のでなく〝2日半の必要な分があった〟のですよ。それが等価交換ではないですか？」

そう答えて、二人でなんとも言えない心地よい感覚をシェアした。

このように、**奉仕とは実は「与えるもの」ではなく「自分が受け取るもの」**であると、多くの

場面で感じる。愛さんの施設は、たくさんの愛情あふれる方の気持ちに支えられ、このような不思議がたくさん起きる。

与えてくれた方にも、そのたびにひとつの気づきがあり、温かな気持ちをシェアし合う。このような、お互いが嬉しい交流ができるのも、特殊な環境を持つ愛さんの施設だからこそだと、私は思っている。

その後、この子は野田さんにも立ち会ってもらい、懇《ねんご》ろに弔った。ようやく僧侶らしいことができた。

「こんなに世話してもらって、お経まであげてくれて、ありがとうございます」

野田さんがそう言ってくれた。

この子は、ただ行き倒れていたのではなく、私たちに奉仕の意味を教えてくれたのだと思う。

自分が体験する物事には、本当に意味があるのだな、と感じた一件だった。

そして、弔いのあと「上をむぅ〜ういて、あ〜るこぉぉぉ〜。猫を見つけないよぉぉに〜」そんな歌で野田さんを見送ると、ちょっぴりはにかんで彼は帰って行った。

それから、半月。

（ぎゃぁ～！　段ボール！）

野田さんの姿を見て、飛び上がる。またもや野田さんが、猫を連れてやってきた。

確かに自分に起こる物事には意味があり、学びがある。あるのだけど、もうもう！　猫を持ってくるなぁ～！　とはいえ、もう持ってきちゃってるんだよね。

恐る恐るのぞくと、段ボールの中の茶白は弱っている、というより死にかけていた。下あごが真ん中から割れて、上下に2センチくらいずれている。側頭部も陥没しているようで、左前足も折れているのか不自然な方向に曲がっている。交通事故だろうか。

「う、ゔ……」茶白が小さく呻《うめ》く。

あまりの惨状に絶句していると、「死んだ松さんの小屋の猫なんですけど、血だらけになっているのを自分が見つけたから……」と野田さん。

そうなんだ、ああ、あそこの小屋に住み着いて、黒太と仲良くしていたあの茶白かぁ……。あまりに様変わりした状態でそう言われても、すぐにあの子ね、とピンとこない。その後、一生懸命に野田さんが状況説明をするのだけど、何を言っているかよく分からない。

「預かりますね。でも、もう助からないと思う」そう言うと、「野良猫だからね」という。

（いや、野良だから、とかじゃないけど……）

急いで作業を終わらせて、病院に向かう。その車中で、すでに瞳孔が開き気味の茶白に、「頑張れ！　病院行くよ！」と声をかけるも、体はどんどん冷たくなっていく。ものすごく、痛くて苦しそうだ。茶白は小さく呻きながら、必死に顔を上げ、私に何かを語りかけていた。

何を言っているか分からない。私自身がこの子の痛々しい惨状を見て、動転しているからだろうか？

「もうすぐ病院着くよ。頑張れ！」そう言いながらぼんやり思う。

自分の猫だったら、こんな状態の猫に「頑張れ！」なんて言わないで、「楽にしてあげたい」って思うよなぁ。こんなぐじゃぐじゃの痛そうな体。自分の猫じゃないから、無責任に頑張れなんて言うのかなぁ、私は。

そんなことを考えて運転している間も、茶白は必死に割れたアゴと折れ曲がった左足を動かし、陥没した頭を持ち上げて、私に何かを訴えかけていた。

何を言ってるかは分からないが、「痛い」「苦しい」という言葉はハッキリ聞こえた。

病院に飛び込むと、この子を一目見て院長の顔が曇った。

「痛そうだよね。預かりましょうか？」

と先生。こんな状態の子、そう言うしかないのだと思う。

（先生、ものすごく痛くて、苦しいって言ってる。楽にしてあげるという選択はどうですか？）

そう言いたかった。のどまで出かかった言葉を無理やり飲み込む。「安楽死」を自分で負いたくなかったのだ。

これが自分の猫だったら、自分が「安楽死ということを負いたくない」という思いよりも、もう助からないのなら、死ぬ瞬間まで苦しむのなら、この子を楽にしてあげたい、この子のために。そのためなら自分で、安楽死という責任を負おう。私はそう思ったとも思う。

自分の猫ならば……。

けれど、この子は顔見知り程度なのだ。

このまま病院に預ければ、おそらく1日持たないで死ぬだろう。苦しんで苦しんで、痛みの中で死ぬのだろうけど、私が安楽死を選択しないで済む。私が終わらせなくていいのだ。

心の中で二人の自分が葛藤する。

（楽にしてあげようよ。痛いって言ってる！　苦しいって言ってるじゃない！　僧侶なんだから、命を引き受けなよ）

そういう自分。本当はそうしたい自分。もう一方で、

（先生が預かるって言ってくれているのだから、預けようよ。預けて早く帰ろうよ。ボランティアなんだから）

という自分、自分が嫌いな自分。

「先生、よろしくお願いします」そう言って、私は瀕死の茶白を病院に預けて帰宅した。

翌日、「あの子、深夜に亡くなりました」という連絡を院長からもらった。

「そうですか。お世話になりました。苦しみましたか？」と聞くと、「そうですね」とだけの短い答えに、あの子の長い長い苦しみの時間を感じた。

院長にお世話になったお礼を言い、亡骸を引き取りに向かう。

ごめん。ごめん。ごめんねぇ……。

あなたはどのくらい苦しんだのだろう。

死ぬと分かっていたのに、楽にしてあげる決断が私にはできなかった。最後の最後まで苦しませて、痛みの中で死なせてしまって、ごめんねぇ……。

いまさら謝ったって仕方がないのだが、車の中で私は泣きながら何度も茶白に謝っていた。

私たち保護施設に関わる人間には、このようなときに、もうひとつ大事な確認作業があった。外傷がある猫を発見したときに、外傷の原因を確かめることである。

この茶白は側頭部陥没・左腕骨折・下あご骨折という症状だった。

院長に「虐待の可能性はありますか?」と聞く。

そう、これは事故か人為的なことなのか? を確かめる必要があるのだ。

万が一、故意によるものであったなら、警察に届けを出し、なんとしても犯人を捕まえないと、次々に被害が広がる可能性が高い。

院長は「症状から見て、車かスピードを出した自転車か分かりませんが、典型的な交通事故が考えられます。または、ゴルフクラブで下からスイングした可能性もゼロではないけど、そんなに人に懐いてない子だったら、考えにくい」という所見だった。私が見ても、交通事故のように思えた。

この子は、エサやりの私や愛さんの姿を見ても逃げていたし、河川敷の道では、オートバイやスポーツバイクがかなり行き来するのだ。

また野田さんを呼んで、茶白を弔う。お唱えしたのは観音経にした。

河川敷のホームレスと、河川敷に生きる野良猫。そして、道半ばの僧侶。寄り添い合って、この子の成仏を観音さまに祈った。

(茶白、最後まで苦しめてしまって、ごめんね。それに、何を言っているのか分からなかった。

そして、いろいろ気づかせてくれてありがとうございます）

茶白に合掌。

すると突然、あの苦しそうに呻《うめ》く、茶白の姿が脳裏にフラッシュバックした。

そして、あぁ、あのとき、割れたアゴを一生懸命に動かして、私に「楽にしてほしい」と言っていたんだ……と、いまさらながら気づいた。

あのとき、あの子の声が聞こえなかったんじゃなくて、私が聞かなかったんだ！　聞きたくなかったから聞こえなかったんだ。安楽死を自分が負いたくなかったから。

そしていつものように、河川敷の季節が移り変わったある夏の日。

愛さんから「野田のところのジャックが具合悪いらしいんだけど、遠慮して連れて来ないから、妙玄さん様子を見て来て。あいつ、いつも手遅れになるまで、連れて来ないから」と頼まれ、その日の夕方、河川敷の野田さんを訪ねた。

「野田さん、ジャックは？」

「あっ、布団にいます」

「えっと、上がっていいですか？」（あまり上がりたくないなあ……。夏場のホームレス小屋は、

ノミやダニが大発生しているし）

分厚い布団をめくると、そこにはやせ細って、面変《おもが》わりしたジャックがぐったりとしていた。かなり脱水して、危険な状態。いや、それより、なんでこの真夏に冬用の分厚くて重い布団を、全身にバッサリとかぶせているのか？

やせ細った身体には拷問のようであるし、何より暑く、息もできないだろう。

私が思案して見ていると、また野田さんがジャックに布団をかぶせた。

「野田さん、このまま預かって病院連れて行きますから」

「ジャックはもうダメだよ。もう助からないよ」

野田さんはどんな状態でもいつも、「もうダメだ」と言っては、愛さんから「自分で判断するな！」と怒られていた。

しかし、今度ばかりはかなり危険な状況なのが見て取れた。

「野田さん、1回は病院に連れて行かせてください」

2〜3回は点滴をやってみる価値はある。それでもまったく回復しなければ、それは仕方のないことだが、そういう治療で良くなるケースも多々あった。

ジャックは病院で治療を受けるも、もう長くはない、という診断だった。

今までもかなりの下痢をしながら、なんとか持ち直してきた子だ。もう体の終わりが来ている

のかもしれない。

治療後は入院させず、ジャックは施設に連れて帰ってきた。すると、もう野田さんがケージを用意して待っていた。

「野田さん、ジャックね、長くないそうです。きょう、あすくらいかもしれません。野田さんの小屋で送ってあげてもらえますか?」

「はい、ありがとうございました」

野田さんは頭を下げて、ジャックをケージに入れ、自転車に乗せて帰って行った。

翌日、施設に行くと愛さんから、

「ジャック、もう意識がないよ。妙玄さんには世話になった。ありがとう。このまま苦しまないで逝くだろう」

と言われた。そうなんだ……。

野田さんの小屋に向かう。深い藪《やぶ》にまた場所を見失い、河川敷中に野田さんを呼ぶ、私のデカい声が響く。

ジャックはまたもや、分厚い布団を全身にかぶせられて、布団の中で虫の息になっていた。昏睡しているようで苦しんではいない。しかし、息苦しいだろう！　病死じゃなく窒息死するじゃないか‼　しかも、この灼熱の暑さなのに。

「野田さん、ジャックこのまま逝きますね。でもこんな干物のような体に、分厚い布団は重いし息もできないから、布団はめくっておきましょうね。真夏だしね」

そう言いながら布団をめくると、野田さんがまた無言でジャックに布団をかぶせる。

？？？？

「重いですよ～、暑いしね～」

また布団をめくると、野田さんがすぐに布団をかぶせる。うう～ん、ま、いっか。野田さんの猫だし、もう昏睡してるから、窒息したほうが早く逝けるって考えるか……。そう考え直して、施設に戻った。

その数時間後、野田さんがとぼとぼと施設にやってきた。

「ジャックが死にました。小屋の裏に埋めました。ありがとうございました」

野田さんは、それきり何も言わなかった。

河川敷の空にまた、読経が吸い込まれていく。

私たちにとって、野田さんの段ボールは恐怖のブラックボックス。

しかし、河川敷の猫たちにとっては、間違いなく〝神の入れ物〟だったのだ。

Short Short

7 治外法権なおやじたち

もうかなり前の話だが、小型の船にたくさんの犬や猫を積んで、あちこちの停泊場に寄りながら海上生活をしているという、当時、ニュースでも話題になった老人がいた。どうも海面上というのは地上と法律が違い、このような案件の場合、拘束するのが難しいらしい。で、その船船版のホームレスおやじ。かなりややこしい輩であった。

小型の船に犬猫を積んで、海上をフラフラする生活。どう考えてもまともではないし、犬猫にとっては虐待行為。

ときどき、停泊場に停めては地上に犬を放す。放された犬は、ヴ～～ギャンギャン！　とそこいらの人に吠えかかる。もちろん登録や狂犬病予防の注射などもしていない。

当然、周囲とトラブルになるのだが、そうなるとまた犬猫を回収して海上に逃げてしまう。

避妊や去勢をしていない犬や猫が、船という狭い空間に閉じ込められるのだ。当然、交配してしまい、このような劣悪な環境で身ごもるとは、親も赤ちゃんも不幸で残酷なことである。また、ずいぶんとたくさんの犬猫が、揺れる船から転落死をしていた。

さらに犬猫が増えたり気に入らない子は、このおやじが投げ落としていた。そんな目撃証言もあった。

そこで、警察と数組の地元のボランティア団体が、何度も説得に行くも、すぐに船を出して逃げてしまったり、ケンカ腰で話にならなかったという。

そもそも、そこで話し合いのできる人なら、このような豪気なことはやらんだろう。


詳細は大人の事情が多々あるようで割愛するが、結局、愛さんに収束の要請が来た。こんなとき基本、愛さんは力技。もちろん初めは話を聞き、折り合いをつけようとするが、ダメと分かるといつまでも話していない。

事前に、保護団体の方たちに、「俺は今、100頭以上の犬猫を抱えているから、話を収めても、これ以上犬猫は引き取れない。犬や猫たちはきちんとあなたたちが譲り受けてくれ」そう約束を取り付けて、船舶ホームレスおやじのもとへ。

その1時間後には、腫れ上がった顔で、這《ほ》う這うの体で、空になった船に乗り込み、一人海上に逃げだすおやじと、保護されたたくさんの犬猫たちが地上にい

Short Short

た。

　犬や猫たちは皮膚病を患ったり、ケガがあったり、衰弱していたりと状態のよくない子が多く、みな手分けして、病院で治療を受けさせる。

　警察も地域の人たちも、いくつもの保護団体もが、何か月かかっても解決できなかったことが、1時間で終わってしまった。

　愛さんがどんな方法で解決したかは、想像にお任せすることに……。

「おやじ、また戻ってくるんじゃないですか？」という私の言葉に、

「戻ってなんか来れないさ」

と、愛さんが言い切る。なぜそうなのかは分からないが、ここはあまり追及しないほうがいいなぁ。きっと、「ええー⁉　そ

れって‼」って、ことだろうから。

何年にもわたって監禁状態（船内だし）で虐待されていた犬猫たちが、レスキューされたんだから、いいやね。

ホームレスの中には、このおやじのように、わけが分からない人もいれば、犯罪者、薬物中毒、元極道、詐欺師のような要注意人物、知的障害を持った人も少なくなかった。

同じ河川敷に居を構えていても、危ない系の人が障害を持った弱者をだましたり、さらにお金を巻き上げる。ここ河川敷ではそんな負の連鎖もあった。

また、どこそこの河川敷で危ない系のホームレスが犬の売買をしている、という話が愛さんの耳に入る。どうも捨てられた犬同士を交配させ、子供を生ませ、その犬を番犬としてほかのホームレスに売っているのだという。

確かに、人が来ると吠える犬くらいいないと、ホームレス生活はすごく怖い。しかし、当然ながら犬を飼うといっても、彼らはまともに世話をしない。

状況を聞くと、その男は巨漢で元極道。腕っぷしが強く、爆弾（執行猶予）を抱えているという。

たいていは、船おやじのときのように力技でいく愛さんだが、今回はそうしても、また場所を変え、どこかの河川敷で同じようなことをすると考え、作戦を変更した。

「爆弾（執行猶予）抱えてるなら、俺を殴らせて、（警察に）引っ張ってもらおう。叩かれればいろいろ出てくるだろうからな」

——絶句。

そんな非道なことをする巨漢の元極道を怒らせて、殴られるの？　あわわわ。

かくして、巨漢の元に乗り込んだ愛さん。まず話そうとするも、食って掛かり凄んでくる。少し挑発しただけで、すぐに殴りかかってきた。

しかし、愛さんの予想以上に、この輩は腕っぷしが強かった。

1発、2発までは我慢した愛さんだが、3発目を殴られたときに、思わずパンチを繰り出してしまった。元ボクサーの愛さんの左ストレートが、巨漢の眉間にクリーンヒット。ちなみに、愛さんはサウスポーである。

その1発で、ドッターン‼　巨漢は後ろにひっくり返った。

「しまった！　殴っちゃった！」

うろたえる愛さん。

勝ってどうする……。

ピクリとも動かない巨漢は、しばらくするとむくりと起きあがり、そのまま何も持たずに一目散に逃走。この予想外の結末、良かったのか？　悪かったのか？

残された犬たちは、当然、愛さんが引き取るはめに。

それから数週間して、その巨漢が遺体で発見されたそう。

逃走後も、いろいろとイザコザを起こした結果、遺体となったらしい。

なんというか、ここ河川敷ではこのような幕切れも珍しくなかった。


殺傷事件、犯罪者の逃げ込み、橋からの飛び込み自殺、首つり、行き倒れ。

河川敷では、いろいろな形の事件や死があった。

そのような事件の対処のため、よくパトカーや救急車、消防車を見かけた。

河川敷に関わっていると治外法権というか、なんというか、ここだけ都会の異空間のようだった。異空間には異端な人と違法とともに、ここだけの関わり方があるのだった。

End

酔っぱらい人生の珍百景

〈第八話〉

富さんは周辺の町では
「出禁（出入り禁止）」の場所が多い。
お酒を飲むホームレスさんの多くは
出禁の場所を持つ人がいるが、
富さんは出禁率１位。
「お金を使わず」「酒乱」
「長っ尻」「からみ酒」
こんな人に来てほしい
飲み屋なんてないもの。

【大酒飲み】

九州育ちの富さんは、河川敷歴17年くらいのベテランホームレスの一人。

河川敷に高床式ベニヤ仕様の、たいそう立派な小屋を建てて住んでいる。ちなみに高床式なのは、台風などで川が増水した時を考慮した建て方だ。

顔は強面で態度もおおへいなのだが、性格はものすごく実直でまじめ。うそをつかずに約束をきちっと守る、河川敷では貴重な人である。

しかし、そんないいところも、飲んでいないとき限定。

富さんは、御年70半ば。大酒飲みの大酒乱なのだ。

よろしいでしょうか？ **酒乱ではなく、大酒乱なのであります**。

そんな富さんは、愛さんのことが大好きで大好きで、それに付随して私のこともよくしてくれる。しかし、そのほかの人間全てが大嫌いで、愛さんと私、朝ご飯を作ってくれる朝ボラさん以外には、かなりキツイ。言い方も態度も。

そんな富さんには、当然のこと友人が一人もいない。

以前は、橋の下のホームレスのコミュニティーに入っていて、よく皆とお酒を飲んだりしていたのだが、今はそんなお付き合いもなくなっていた。

まあ、大酒乱だからね。飲むたびに暴れる人の相手なんか、誰だってイヤだ。

この富さん、元来口が悪く、飲んで暴れる上にとにかくくどい。もう壊れたレコードのように同じことを何万回も繰り返し、何時間も言い続ける。

友達、いなくなるよね。


富さんは数年前まで、工事専門車両の特殊免許を持つ運転手で、かなり腕はよかったという。よく職場から「来てほしい」と電話をもらっていたが、2日は行っても3日と続かない。実直で正直な人なのだが、やはり怠け者なのである。


仕事をやめてからの富さんは、朝から1日中一人でお酒を飲んで、言うこともやることも支離滅裂。いつも、ずるずると足を引きずるように歩き（足が悪いわけではないのに）、その言動や行動はあきらかに、長年のアルコールの影響が見てとれた。

愛さんは、そんな友人もなく一人で飲み続ける富さんを心配して、施設の簡単な作業を少し手伝ってもらっていた。河川敷で遠いところの猫のエサやりや、施設の猫トイレのうんちとり、ウサギのご飯と小屋の掃除、買い物など。

元来、実直で責任感の強い富さんは、毎日朝は4時半からお昼前まで、夕方は4時から6時くらいまで施設に通うようになった。それもちゃんとお給料つきで！

毎朝4時半というのは、ものすごく早いスタートなのだが、愛さんが施設で朝の作業を終えて、会社に行くためには4時に起きなければならず、どうしてもこんな早い時間になるのだ。

お酒もひかえ（酔っ払って施設に来ると、当然、愛さんに追い返されるから）、保護犬の散歩や施設の雑事が富さんの生きがいとなった。仕事をやめてから、ろれつも回らず、言葉も支離滅裂。その上あちこちでケンカをし、警察沙汰を起こし本当に廃人のような彼が、愛さんの施設を手伝うようになって驚くべき回復を見せた。

まったくヘンテコなおかしな人になっていたのが、（あれだけ何十年もあびるように飲んでいればね）、なんとか会話ができる人、お酒を飲まなければ簡単な雑事は頼める人、くらいには回復していたのである。

やはり、どんな人にも「我は求められている」「我には役目がある」という承認欲求は生きていく中で、不可欠であると私は思う。

本人が認識している、いないにかかわらず、だ。

富さんは極寒の日も、台風の日も大雨の日も、時間をピタリと守り、施設に通ってきていた。

そんなまじめな実直さが富さんのいいところであり、そんな責任感ある人柄は、河川敷のホームレスさんの中では富さんだけ。

ただ……、ただ……。

性格がちゃらんぽらんな酒乱ならまだしも、実は、実直でまじめな酒乱は、ものすご〜くたちが悪い。どう、たちが悪いかというと――。

どうしてもお酒を飲まずにいられない富さんに、「飲むな」というのはナンセンス、非現実的なので、お酒は飲みたかったら飲んでいい。飲んでいいけど「飲んだら施設の仕事は休む」「飲んだら来てはいけない」ということを、富さん了解のもと決めた。

しかし散々、もうもう本当に散々、愛さんにも私にも言われているのに、飲んでも来るのだ、この方は……。本来すごくまじめなので、酔っ払うと「飲んだら来るな」の約束を忘れ、「とにかく行かなきゃ！」の責任感だけが脳に残っているらしい。

基本的に酒乱は酒に強い。愛さんのように体がアルコールを分解できない人は、アルコールをなめただけで二日酔い状態になるのだが。

まあ、昔は酒飲みだった私は、富さんの気持ちがよく分かる。ほんのカップ酒2〜3本は飲んだ量にカウントされない。

元来が酒に強い人は、その程度の量であれば酔っ払うまではいかないだろう。しかし、問題は「まだ酔ってない。まだ酔ってないよ」と思いつつ、「もう少し。もう少しだけ」と、いつの間にか酔っ払っているのが、酔っ払いの王道なのだ。

そんなある日、私が母屋の掃除をしていると、外から「にじお！　にじおぉ〜‼」という施設の猫〝にじお〟を呼ぶ富さんの声がして、ぎょっ！　とした。

富さんが猫の名前を呼ぶことに、なぜそんなに驚くのかというと、にじおは先日亡くなっているのである（※にじおの話は、拙著『捨てられたペットたちのリバーサイド物語《ストーリー》』に収載）。

長年、愛さんに守られながら施設で生き、生涯を終えていったにじおが、幽霊になって出てきてもなんら不思議はない！

「にじっ？」

母屋を飛び出た私が見たものとは……。にじおの幽霊ではなく、施設の保護ウサギのヒデをなでながら「にじお〜！　よしよし。にじおぉ〜」と、なんのことはない、ヒデをにじおと呼び間違えているのだ。

その後も、メスウサギのロザンナをジャイコ〜と、愛さんの愛犬の名前を呼んだり、シルバーTさんの彼女？　のアグネスちゃんをロザンナと呼んだり、もうハチャメチャ過ぎて、いったい何の話をしているのか分からない。

【酔っ払いとケガのお決まりセット】

で、大酒飲みの富さんは、酔っ払うとよく転んでケガをする。

本人は「酔ってない」と思っていても酔っている。そんなことを酔っ払いに言っても仕方ないのだけど。

ある日、一人でしていた施設の作業や治療に手間取り、夜10時くらいになってしまった。帰ろうとしたら、暗闇から血だらけの顔が、ぬ～と現れた。

「ぎゃあぁぁ！」絶叫とともに飛び上がると、富さんだった。

「ど、ど、どしたの⁉　顔、顔、血だらけ。ああ！　血だらけというより、顔の皮が剥がれているじゃない！　どしたの？　誰かにやられたの？」

「大丈夫です。酔っ払って顔から転んで、修理中のキザキザのコンクリの階段を、顔で滑り落ちちゃって……」

なんだそりゃぁ⁉　そりゃ顔の皮も剥《は》がれるよ。昔、東京タワーの蝋人形館で見た、頭の皮を剥がされた人みたいだよ。

「痛いでしょう！　病院行こう！」

「大丈夫、大丈夫。消毒だけしてもらえますか？」

「えーっ！　だめだめ。汚いコンクリの階段で、顔の皮をベローンと削いでいるんだよ。感染症とか怖いんだから！　ちゃんと治療しなきゃ」

そういっても、大丈夫の一点張り。

まあ、河川敷に長年住むホームレスは頑丈な人ばかり。特に「不潔」に強いのだ。そうでない人は、いなくなるか死んでいく。

仕方ないので猫の消毒薬で消毒をするが、ううう、痛そうで、私のおへそがむずむずする。いくら僧侶とはいえこの状況はホラー過ぎる。

その夜は心配で眠れなかった。引きずってでも、病院に行けばよかったかな。感染症で手遅れになったらどうしよう。

翌日、富さんはまっ赤な部分とどす黒い部分と、まだらになった顔で施設にやってきた。驚いたことに、私の心配をよそに、もう剥き出しの顔の肉が乾いている‼　体液もまったくなく膿もない。

「すごい……」このくらい尋常じゃない回復力がないと、ホームレスはやっていられない。

まあ、富さん、ホームレスの大島さんが飼ってた烏骨鶏の卵を、洗わないでそのまま口つけて生で飲んでたしね。胃がんからも生還してるし（大手術&長期入院、その後の検査など莫大な費用も、福祉のお金で）まあ、大丈夫か。

【酔っ払いと犬】

その3日後、ひどい日焼けのようなまだらの顔で、富さんは施設の保護犬のベルとジャイコを散歩させていた。ベルは河川敷のホームレスさんのところにいたが、その人が病死して、12歳で施設に戻ってきた中型のオスのＭＩＸ犬。ジャイコは2年半も捕まらなかった元野良さんで、今は愛さん命の忠犬だ。

この犬たちの昼間の排泄と、ほんの近隣の車が通らないところでの散歩が、富さんの楽しみでもあった。

富さんはこのベルとジャイコを溺愛していて、深夜2時くらいに酔っ払って、施設に乱入して来ることもたびたびあったという。疲れきって熟睡している愛さんにかまわず、

「ベルゥ～‼　ベルゥ～！(どん！　どん！　どん！)　ジャイコォ～！　ジャ～ア～イコォ～！(どん！　どん！　どん！)」

と叫びながら、施設のドアをガンガン叩きに来る、という恐ろしい酒乱。もうこの一件だけで、富さんがその人生の中で、どれだけ周囲の人に迷惑をかけてきたかが、垣間見えるようだった。

ただ、この犬たちは、そんな富さんの情熱とは裏腹に、富さんとの散歩が大嫌い。富さんがい

そいそ♪　とリードをつけると、首をうなだれて、とぼとぼと歩いていく。
その姿は富さんの歩くリハビリに、犬たちが付き合ってあげているようだった。

富さんは、夏はクーラーのない施設では犬たちが暑かろうと、お昼前から夕方まで、犬たちを河川敷の橋の下まで連れて行き、毎日を過ごしてくれていた。河川敷の橋の下は地面が日陰の土だし、風が抜けるのでかなり過ごしやすい。

私が橋の下の猫の様子を見に行ったとき、ベルとジャイコが私を見つけて走り寄ってきた。

「えっ⁉　なんで放してるの⁉」

ベルとジャイコは人好きでおとなしいのだが、河川敷でもこんなふうに犬を放していたら、危ないしいけない。

富さんが連れてきたハズなのに富さんの姿が見えず、犬たちは河川敷を自由に歩き回っていた。

(困ったな。こんな事態を想定していないから、リードがない)

まわりを見わたすと、あっ‼　いたぁー！　富さん、発見。

橋の下で大の字になって、ゴーゴー寝ているではないか！　近寄ると……、酒くさっ！

そのあと、また散々愛さんに叱られて。ほんとにこんなことの繰り返しである。

富さんの行動を見ていると、シラフと飲んでるときの区別が、だんだんつかなくなっていく。シラフの状態が、飲んでるときの状態と同じになっているのだ。

犬の散歩の仕方も、見ているとすごく危ない。富さんが犬を連れ出すときは、必ずリードをつけて、車が通らない場所だけ、ということをお願いしていた。

犬たちは通常、散歩のときは伸縮するリードをつけているのだが、富さんは散歩のときでもこの伸ばせば数メートルになるリードを無遠慮に最長に伸ばしたままにして、周囲の注意もせず歩くから、通行人やら自転車やらがひっかかりそうで、すごく怖い。

何度注意しても「大丈夫、大丈夫」の一点張り。

いや、大丈夫じゃないのは、通行人や犬たちのほうなんですけど。

それからは富さんの散歩のときは、犬たちには伸縮しない普通の短いリードをつけてもらうことになった。しかし、この短いリードだと、足をずるずる引きずるように歩く富さんの亀の歩みに、犬たちは速度を合わせることに難儀していた。

そんな富さんだが犬たちの散歩に行くと、いろんな人が犬を通じて声をかけてくれる。友人がいない富さんは、一般の人との立ち話をとても楽しみにしていて、立ち話が始まるといつまでたっても帰ってこない。（相手にご迷惑かけていないといいのだけど）と心配になるのだが、犬でも連れていなければ、誰も酔っ払いの富さんに話しかけてくれない。

ただ、真夏の盛りも真冬の最中も、犬を連れて長話しをしているもんだから、夏は炎天下で犬たちがへたばり、冬は超短毛で高齢のジャイコがぶるぶると震えている。で、また愛さんから教育的指導が入る。犬の散歩をしてもらうだけでも、こんなに大変なのだ。このような人が家庭を持ち、社会で働くなどはハードルが高すぎるのではないか？　と思ってしまう。

富さんがなにやらしでかす↓　愛さんに怒られる↓　もう施設に来るなと言われる↓　数日たち、富さんがとぼとぼと謝りにくる。こんなことの繰り返しだった。

別に、酒を飲みたければ飲めばいい。富さんの人生なんだから。散々、家族や周辺の人を泣かせて苦しめて、この河川敷に流れついたのは想像がつく。

飲んで飲んで、例え一人で飲み死にしてもいいのだ。それは本人が決める本人の人生なのだから。

しかし、問題は「飲んだら施設に来るな！」という愛さんとの約束も、まじめで責任感の強い富さんは、どんなにへべれけになってしまっても、施設の作業に来てしまうのだ‼　いや、へべれけだからこそ、「施設の作業に行かなきゃ！」という生きがいと責任感だけが本能に強く残り、

「飲んだら来るな」が脳みそから消去されて来てしまうのだ。

なんて恐ろしい……。

【破壊王と出禁王】

富さんは酔っぱらいの上、物もよく壊すのであった。

ストーブや発電機など機械物もよく壊す。発電機の修理は一度壊すと、5～10万という単位。いくら使い方を説明しても、「自分は機械に詳しい、分かっている」とよく聞かない。で、手順を間違ったり、手順の工程が足りなかったりでまた壊す。これまた愛さんに叱られても「すみません」と言えばいい。

これは、富さんに限らず、ほかのホームレスもみなそうだった。

小屋の修理をしたい、屋根を作りたいという人に発電機を貸すと、決まって壊されていた。みな「すみません」のひと言だ。

誰一人として、一度でも「自分が壊してしまったので弁償します」という義理を果たす人はいなかった。

富さんはよく、「どこそこをこうして、直しておきました」と言って、さらに別の部位を壊していた。本人は直したという自負があるらしく、私に説明してくれながら、おいしそうに煙草《たばこ》をふかす。

「富さん、煙草おいしそうね」

「うん、煙草だけはやめられないなぁ……」

そう言う富さんの後で、愛さんがぼそっとつぶやく。

「煙草だけじゃなくて、酒もギャンブルも何もやめられないじゃねーか」


この富さんは周辺の町では「出禁（出入り禁止）」の場所が多い。

お酒を飲むホームレスさんの多くは出禁の場所を持つ人がいるが、富さんは出禁率1位。

その中でも飲み屋が断トツ。周辺の飲み屋は全てといっていいほど。

「お金を使わず」「酒乱」「長っ尻」「からみ酒」こんな人に来てほしい飲み屋なんてないもの。

少し前、施設の末期の保護猫にお刺身を買おうと、スーパーに行ったら、前のパチンコ屋にパトカーが2台止まって、なにやらもめているのが見えた。

ホームレスが多いこの町では、そんなに珍しくない光景。

買い物を済ませて施設で作業をしていると、時間に正確な富さんが来ない。

「あっ、まさか、あのパトカー……」案の定、あのときにもめていたのは富さんだった。なんでも、パチンコ玉を真ん中のフィーバーする穴に入れようと、思い切り叩き、ガラスを割ったという。その少し前に、「このパチンコ屋は玉を出さないのか！」と、酔って騒いで、警察に引っ張られたばかりなのに。

もう、本当にこの町の飲み屋、パチンコ屋、お風呂屋さんは災難である。

【竹の子事件】

以前、河川敷に住む菅野さんの小屋のそばに中学生が打ち込んだロケット花火が着弾し、まわりの枯れ草に引火して、あたりは瞬く間に大火事となった。

そんなことがあってから、愛さんはまた火事になりそうなホームレスさんの小屋の前に、竹を植えた。竹は成長が早く、火に強く燃えにくいからだという。

翌年、周囲のあちこちから、かわいい竹の子

が顔を出した。

すると……、この竹の子を取りに、中国人のおばさんがやってきた。

中国人のおばさんは、出ている竹の子を全て根こそぎ、掘り起こしていた。

その現場に遭遇した富さんは、烈火の如く怒り、

「何してるんだ！　うちの竹の子とるんじゃない！　この泥棒！」

「河川敷の竹の子とって何が悪い！」

「これはうちが植えたんだ！」

「ここはあんたの場所じゃない！」

途中でうっかり、そのケンカを聞いてしまった……。

どっちもどっち。めんどくさいから、見つからないようにそそくさと施設に戻った。


【河川敷の調理現場】


河川敷では、ホームレスさんからたまに食べ物がふるまわれる。

それをおいしくいただくにはコツがある。それは、調理現場を見ないということ。

よく富さんも、「きょうはでんぷん汁作りますから！」と張り切って、自分の郷土料理を作ってくれた。

すると背後から愛さんが、「作るところ、見るなよ。見たら食えんぞ」と、ささやく。

はじめは意味が分からず、「わぁ～、富さん、でんぷん汁ってどういうの？　どうやって作るの～？」などと、好奇心旺盛な私は、かぶりつきで調理現場に張り付いていた。

すると、すぐに先ほどの愛さんの言葉が身に染みた。

富さんが震える手で（アルコール依存症だからね）ネギを切るのだが、そのまな板の上にどっかりと座り、隣に置かれた水とスライスした生姜《しょうが》が入った鍋に、手を突っ込んでいるのは、施設の猫ドロとゆき。

富さんが優しく話しかける。

「コラコラぁ～♡　どろぉ～。だめだぞぉ～♡」

う……、ドロちゃん、さっきものすんごい下痢してたよね？

ゆきは、さっきネズミをくわえていたよね？

その手を鍋に突っ込み、そのケツでネギと一緒にまな板に座っているわけね。

さらに大きいピースが、まな板横のネギの上にどっかりと座ると、

「ピース来たのかぁ♡　いい子だなぁ～」

と、濡れた手でピースをなでなでし、そのまま、またネギを切るのだ。富さんのその手がどのような状態になっているか、この本をお読みの猫飼いのみなさまは想像がつくと思う。

そんな調理現場である。

まあ、要は見なければいいのだ。煮るし……。


【黒おばさん】

なんというか、この事件は、本当になんというか……。

富さんがいつもは誰もいない時間に施設に来て、掃除をしていたときのこと。施設の庭に1台の自転車が入ってきた。乗っていたのはおばさんだったという。

「誰ですか？」

そう聞いた富さんは、そのおばさんの顔を見て、ぎょっ！　とした。おばさんの顔が真っ黒だったというのだ。とにかく顔が真っ黒で、本当に恐ろしい顔をしていたらしい。

その黒おばさんが、

「愛さんの知り合いです。猫の缶詰を取りに来ました。愛さんに言われて来ました」

と、安いときに大量買いをしている、猫のフード小屋の扉を自分で開け、猫の缶詰を3ケース、自分の自転車に乗せていったというのだ。

その日の夕方、愛さんが富さんからその話を聞くと、

「誰だそれ⁉　そんなおばさん知らないし、勝手にフード小屋に入って缶詰を持っていくなんて、変だと思わなかったのか⁉」

という愛さんの言葉に「えっ⁉」と驚く富さん。とはいえ、富さんは携帯電話を持ってないし、施設には固定電話がないから、その場で愛さんに確認することができない。富さんにしてみれば、「愛さんの知り合い」「愛さんから言われた」と言われれば、むげに追い返すことはできなかったのだろう。愛さんの名前は知っていたのだから。

「缶詰、盗まれたんだ！」

この時点になりようやく気づく。なんという大胆な犯行。真っ昼間に、留守番がいても、堂々と盗んでいくなんて。

それにしてもなんで施設のフード小屋を知っていたのだろう？　たしかに愛さんの施設はホームレスにオープンにしているし、フード小屋には特にカギをかけてはいなかったのだが。以前私が「カギかけましょうよ」と進言したのだが、愛さんは「こんなホームレスが出入りしているとこに入ってくる奴はいないし、盗まれるものもないから」と言っていた。その言葉通り、施設の時計、イス、テーブルなどの家具や鍋、フライパン、食器といった生活用品は、ホームレスさんがあちこちから拾い集めてくれたものばかりで、確かに盗まれるものがまるでない。いや、かえって「それ捨てたかったの！　持ってって‼」というものばかりである。しかし、まさか唯一の財産の猫の缶詰を盗まれるとは……。

それからすぐに、フード小屋にはカギがかけられた。

さらに愛さんから、周囲のホームレスにお達しが出された。

「自転車で来た、顔の黒いおばさんに猫の缶詰を盗まれた。このおばさんに注意せよ。見つけたらただちに通報のこと！」

富さんは周囲のホームレスさんから事情を聞かれ、

「本当に恐ろしい顔だった。あんなに真っ黒で怖い顔を見たことがない」

と、なぜか得意げに話し回り、本当に不気味がっていた。

それにしても酒乱で強面で、態度もおおへいな富さんを、ここまで震え上がらせる「真っ黒で恐ろしい顔」って、いったいどんな顔なのやら。

でもそんな特徴があるなら、かなりの範囲まで缶集めに行く、情報通のホームレスたちにすぐに見つかりそうなものだけど。

黒おばさんの素性は依然として分からなかった。それから1週間がたった日、愛さんが帰宅すると、当時施設を手伝いにきていた猫のエサやり命の高原さんが、

「きょう、愛さんのお友達というおばさんが、自転車で缶詰を取りに来たから、フード小屋から3ケース出して渡しました」

と言うではないか⁉

「なにぃ〜〜！　それ1週間前に来た、ドロボーババァじゃないか‼」と愛さんが言うと、

「えっ⁉　違うでしょう？　顔、真っ白だったよ！　すごく白かったもん！」と高原さん。

もう、何がなんだか話が見えない。ただ、また缶詰を盗まれたということだけは事実だった。

高原さんも、もちろん富さんから缶詰ドロボー黒おばさんの話は聞いている。そのとき高原さんは富さんに、

「まんまとやられちゃって。まったくしょうがないなぁ〜。また酔っ払っていたんじゃないの？」

なんて散々言ってたくせに、自分もまんまとやられてしまった。

しかし何者なんだろう、この〝白黒おばさん〟。

後日、いろんな情報を元に白黒おばさんの素性が解明された！　このおばさんは施設近くに夫婦で暮らす一般人で、たくさんの犬や猫を飼っていたという。しかし、フードが買えなくなり、人づてに愛さんのことを知り、以前相談に来たところ愛さんが数度、フードを分けてあげていたという人だった。愛さんに散々「世話ができないなら飼うな！」と絞られたという。そのときに施設に出入りしていたらしい。

しかし、愛さんの収入だけで成り立っている施設の事情を知っている一般人、それも愛さんに恩義のある人が缶詰を盗むなんて。

こんな大胆な犯行をするおばさんと話しても仕方がないと、自宅を知る愛さんは、このおばさんの旦那さんに話をしに行った。このおばさんの旦那らしく、のらりくらりと言い訳を繰り返されているうちに、愛さん怒りの鉄槌。

「お前は極道か？　堅気か？　答えによって扱いが違うぞ！」

その愛さんの一喝に驚いた旦那は小声で、

「今は堅気です。済みません。もうさせませんから、警察は勘弁してください」

と言ったという。この旦那もまた、はたけばケホケホほこりが出てくるのであろう。警察には通報しないから、今後二度と施設に来ないよう、旦那がちゃんと行動に注意するようにと約束してきたという。

白黒おばさんは、旦那の後ろで小さく縮こまっていたという。

「で、そのおばさんの顔は真っ黒？　真っ白？　どっちでした？」

一番気になってることを聞くと、愛さんはもうこの話題に触れたくないようで、

「まだら！」と答えた。

事件は一件落着したものの、折にふれ、

富さんは「真っ黒で恐ろしい顔の缶詰どろぼうだった」と言うし、

高原さんは「真っ白な顔で堂々と来たおばさん」と言う。

結局このおばさんの顔はいったい何色だったのか？

真相は不明のままである。

愛さんってこんな顔
ザ・団塊世代
ネコ探知機付き
とれをハズせェ～…
ブッ
あいさ～ん
あいさ～ん
お父さ～ん
抱っこ～
ひろってェ～…
残念ながらホームレスに大人気

●お役目の終焉

河川敷では、いろいろな個性豊かなホームレスたちが、さまざまな独創的な事件を巻き起こしてきた。本書で書ききれなかったことも、数多い。

このようにホームレスさんのことを書くと、とんでもないことだらけなのだが、常時100匹以上の犬や猫を抱えていた、日中無人の施設では、事件や迷惑をかけられる反面、ホームレスさんたちが、近くにたくさんいてくれたからこそ、やってこられた側面もあった。

かつてはそんな何十人ものホームレスたちが、しょっちゅう出入りをしていた愛さんの施設も、今は手伝いを頼むホームレスさんの姿はなく、一般の朝ボラさんが2～3人。夕方～夜は愛さんと私だけになっていた。

私がボラで関わった当初は、周辺にたくさんいたホームレスさんも病死、事故死、逃亡、行方不明、追放、入院、福祉にかかって退去、出禁となった人が多く、6年たったころには、施設に元気に顔を出す人はほとんどいなくなっていた。

重篤な持病を持ちながら、愛さんは25年以上この河川敷で保護活動をしてきたが、もう70歳に手が届く。

最近施設で保護した子では、もう愛さんに残された寿命より、長生きするであろう若い猫も出てきている。ここ河川敷近くにいたら、捨てられたり、持ち込まれる犬猫が果てしなく続き、いつまでも収束ができない。

そして愛さんとて、莫大な費用がかかる個人の保護活動には、限界がある。抱えている犬猫たちと愛さん自身のために、いつしか移転を考えるようになった。それと同時に、その計画は、何かとてつもなく大きな力の後押しを受け、一気に動き始めたのである。

さらに、たくさんの方が手を差し伸べてくださって、一年がかりで移転のメドが立ったのだ。

私が２００９年から関わった施設は、２０１５年夏に移転が決まったのである。それを知った猫のエサやり命の高原さんが、愛さんに今までのお礼を言いに来た。

今まで、本当にすごくお世話になったこと。さまざまな場面で助けてもらったこと。申し訳ないけど、やはり何かあっても最後は愛さんがいるからと思って、猫たちと関わってきたこと。移転すると聞いてものすごくショックだった。そして、今後がすごく不安になったということ。涙ながらに自分の心情を話していった。

彼がこのように自分のことを話すのは、初めてのことだった。最後には、「愛さんの身体が良くなって、新しい場所で猫たちとゆっくりできるといいよね」と言って、ニッコリと笑った。

初めての出会いのとき、「人は嫌い」「誰とも付き合わない」「愛さんなんかどうでもいい」そう言っていた高原さんの確かな成長だった。

さらに、何十人ものホームレスたちが、代わる代わる愛さんにお礼を言いに訪れてくれた。

愛さんが言う。

「河川敷のホームレスたちは、みな人間関係をあきらめて、社会からドロップアウトをしてきたが、愛情深く忍耐強い、良き経営者に巡り会ったら、社会生活ができただろう人は大勢いるよ」

社会はこのような人を切り捨て、またはお金を与えるのではなく、彼らを支えることができる能力に応じた職場や、指導者を育成する必要があると私も思う。

エサやり命の高原さんや、ほかの猫好きホームレスが、誰からのフォローもなく河川敷で暮らすのは、かなり過酷なことである。

捨て猫、子猫、ケガした猫。河川敷には、たくさんの救いを求める猫がいるのだから。

今後、そんな猫たちと遭遇して、魂が削られるような思いをすることもあるだろう。

私たちの人生では必要なことが起こり、それを学ぶために人生があるのだとしたら、彼らはそんな苦しみの中でこそ、人は一人では生きることができず、傷つきながらも人と協調していくことを、学ぶのではないかと私は思う。周囲の一般のエサやりさんや、ボランティア活動をする人たちと関わっていくために、彼らのそんな状況があるのかもしれない。

今まで逃げてきた人間関係を、自分のためには頑張れなくとも、猫たちのためならば頑張れるかもしれない。所詮、私たちは人間関係の中でしか生きられないのだから。

ここ河川敷ほど、うそと裏切り、落胆、死があふれた場所を私は知らない。

また、ここ河川敷ほど、人の刹那や底力、博愛、傷つきながらも生きようと、生《せい》がもがく場所を私は知らない。

河川敷は、深い闇と圧倒的な光が交差する場所であった。

この地からの施設の移転は、エンドレスに犬猫が捨てられる河川敷での長い長い愛さんの人生をかけた仕事の終焉であると共に、ボランティアに関わった私の、清濁併せたお役目の終焉でもあるのだった。

おわりに

河川敷でのホームレスと捨て猫たち、そこに関わる博愛精神の愛さんと新米尼僧の物語。いかがでしたか？

ホームレスさんたちはよく、「いつ、死んでもいいんだよ」。こんなことを言いますが、「みんなそう言うけど、ポックリ逝けないからもがくんでしょう！」と私が言うと、「そうなんだよね〜」と口をそろえて言うのです。

家庭や社会から逃げてきた彼らが、このホームレス集落で、円滑に人と関われるはずはありません。

もともと、みな同じように、人間関係が苦手な人の吹きだまりなのですから。そんな河川敷生活の中で、唯一彼らの心の支えになり、唯一彼らの帰りを待ち、そんな自分を頼ってくれる存在。それが河川敷に捨てられた猫たちになるケースが多々あります。

特に、突然、おうちの中から河川敷に捨てられた猫は、自分で食べるものを得ることができません。そんな捨て猫たちには、たとえ猫たちの身体に悪い塩分の強いお弁当の残りでも、パンくずでも、ホームレスが与えてくれる食べ物は命の綱。捨て猫たちは、そんなホームレスが頼りになります。

中には、本当に猫の世話をする人もいますが、大半はその飼い方にムラがあり、自分の感情や状況によって、不安定な世話をしている人がほとんどです。

責任感がないからホームレスをやっている。彼らにはそんな一面もあり、猫たちが彼らを頼ることで生じる承認欲求は、確かに捨てられた猫たちの命の綱ではあるのですが、同時に無責任で一方通行なことでもあるのです。

安易にエサやりをすると、また不幸な子猫がどんどこ生まれてしまうのもまた事実。河川敷には、悩ましい現実と無慈悲な矛盾も起こります。

新米僧侶である私は、ときにはホームレスである彼らを傷つけ、またときには彼らと感動を共にし、またときには助けられ、毎日が予測不能なドタバタの連続で、そんな中、彼らからたくさんのことを学ばせてもらったのでした。

そんな昭和のにおいがプンプンする「任侠と人情の仁義なき戦い」。ドタバタ劇を皆さんにご紹介したく、愛さんの許可をいただいて、発信させていただきました。

愛さんの功績を知ったとき、「こんなことを人生をかけて、やってる人がいるんだ。ああ、人類は捨てたもんじゃない！」と、決して大げさではなく、感じたものです。そのくらい、愛さんの捨て身の生き方は、私には衝撃的でした。

家庭から捨てられた猫たちが、社会から逸脱した人間が、このように救済される場所があるなんて。


ですが、愛さんのような保護活動家は、身体を壊したり、家庭や人生が破綻する人が少なくありません。

たくさん救ってきた活動家は、最後は自分も救われて、今までの活動を締めくくるのが、責任ある終焉だと私は思っています。

たくさん救ってきた人が病気で夭折したり、人生が破綻したのでは、次世代にこのような保護活動をやる人がいなくなってしまいます。

愛さんにはご自身のためにも、次世代の活動家のためにも、年齢に見合った形を変えた、できる範囲の保護活動にスイッチすることが、必要課題となりました。

それが「施設の移転」です。河川敷近くのここにいては、まず、終焉は望めません。

いつの時代も河川敷は、「不届き者がゴミを捨てる場所」なのですから。人も捨てられ、猫も捨てられ、良心も、人間性も捨てられる。それがここ河川敷。愛さんが個人で始めた保護施設。それは同時に、愛さんの男気とプライドの歴史です。そんな愛さんを頼ってきていた、猫好きなホームレスさんと捨てられた猫たち。

この某県への施設移転と建設には、本当にたくさんの方々が力を貸してくださり、新施設は、愛さんが実現したかった、夢がつまった「犬猫たちが自由に暮らせる楽園」となりました。

そして、振り返ってみれば、過酷な河川敷でのボラの全てを、このようにたくさんの方に発信させていただくことが、河川敷での私のお役目だったように思えます。

私たちの人生は、「自分とうちの子だけのため」で終わらせることもできれば、「たくさんの不幸な子を助けるために手を差し伸べる」こともできます。

全ては自分自身の選択です。

私たちは「できない」ことと、「やらない」こと、を明確にする必要があります。「できない」ことは、精一杯やった自分への免罪符ですが、「やらない」ことは、未来への自分への課題だからです。

私の河川敷のボラ活動は常に、「できない」ことと「やらない」ことの葛藤でした。どうぞ皆さん、生活の中で、「できない」ことと「やらない」ことの区別をつけ、人生でできることを実際に体現していってください。

人生の時間は、どんどんと過ぎてしまいます。

ある宗教的な集まりで、参加者が高僧に、

「どうしたら世界は平和になりますか？」と訊ねたときに、

「祈りましょう。みんなで世界の平和を祈りましょう」

と答えました。すると、隣にいたダライ・ラマ僧が、

「祈るだけでは世界は平和になりません。平和になるように行動して下さい。今すぐ！あなたにできることを！　行動こそが世界を平和にするのです」

そうおっしゃられた言葉が印象的でした。

そうなんです。私たちの世界は祈りだけでは、幸せになりません。平和になるよう行動しないと、平和な社会は実現しないのです。

どうか皆さん、今、できることを行動してください。

どうか自分の力をみくびらないでください。

論争や強い自己主張は敵と分裂を生みますが、譲歩や協調は味方や仲間を身につけ、統一を生みます。統一はどんどんと周りを巻き込み、大きくなっていくのです。


本書から何かを感じ取ってくださったあなたが、どうか、自分の人生をあきらめたダメダメな人に、また捨てられた小さな命に、差し出される優しい手になってくださることを祈って。あなたの一歩が平和へと続く道でありますように。

全ての生きとし生けるものへ　　合掌　　妙玄

謝辞

本書を書くにあたって、まずは河川敷のたくさんのホームレスさんたちに、心からの感謝を送ります。鬼籍に入ってしまった方も多いですが、彼らがいたからこそ、私も少しずつですが進化、成長させていただきました。本当にありがとうございました。ホームレスさんたちの今後の人生に、良き気づきがありますように。人生がちょっぴりでも向上していくことを、切に願っています。

ハート出版の担当佐々木さん、システム蔵本さんがいなければ、どうにも本書の執筆ができませんでした。また日高社長、日高デザイナー、営業の方々。ハート出版さんには、何から何までお世話になり、ありがとうございました。心よりお礼申し上げます。

また、移転に多大なる尽力をしてくださったMご夫妻、智子先生、ａｎｄｙさん、ちかよさんはじめ、たくさんのご協力者の皆さま。河川敷近くの旧施設から移転ができたのも、皆さまのお力添えのお陰さまです。本当にありがとうございます。

たくさんの書籍の中から、本書を手にとってくださった皆さま方にも、心よりお礼申し上げます。ありがとうございます。

そして、愛さん。長い長い間の河川敷でのお勤め、本当にお疲れさまでした。河川敷のホームレス一同と、救われた猫たちを代弁してお礼申し上げます。男の意地とプライド、任侠・仁義の世界をまざまざと勉強させていただきました。新しい土地で、新たな愛さんの活躍を期待しています。

大いなる力と、このご縁を結んでくれた、あなたの愛おしい子たち全てに感謝します。そして、人知れず天に帰って逝った幾万もの河川敷の、小さな命たち全てに、神仏のご加護がありますよう祈ります。

合掌　　　　　　　　　　　塩田妙玄

私（妙玄）は、
こんな毎日です

塩田妙玄　しおた・みょうげん

高野山真言宗僧侶／心理カウンセラー／
生理栄養アドバイザー／陰陽五行・算命師
前職はペットライター、東京愛犬専門学校講師、やくみつるアシスタント。
その後、心理カウンセリング、生理栄養学、陰陽五行算命学を学び、心・身体・運気などの相談を受けるカウンセラーに転身。より深いご相談に対応できるよう出家。飛騨千光寺・大下大圓師僧のもと得度。高野山・飛騨で修行し、現在高野山真言宗僧侶兼カウンセラー。個人相談カウンセリング、心や身体などの各種講座、ペット供養などを受ける。
著書に『だから愛犬しゃもんと旅に出る』（どうぶつ出版）、『ペットがあなたを選んだ理由』『続・ペットがあなたを選んだ理由』『捨てられたペットたちのリバーサイド物語』（ハート出版）、『40代からの自分らしく生きる体と心と個性の磨き方』（佼成出版社）。原作に『HONKOWAコミックス　ペットの声が聞こえたら』『ペットの声が聞こえたら〈生まれ変わり編〉』『ペットの声が聞こえたら〈奇跡の楽園編〉』（画・オノユウリ／朝日新聞出版）

「妙庵」ホームページ　http://myogen.o.oo7.jp
ブログ「ゆるりん坊主のつぶやき」
撮影：林渓泉、中村健、塩田妙玄

ねこ神さまとねこおやじ

平成28年10月21日　第1刷発行

ISBN978-4-8024-0026-8　C0095

著　者　塩田妙玄
発行者　日高裕明
発行所　ハート出版
〒171-0014 東京都豊島区池袋3-9-23
TEL. 03-3590-6077　FAX. 03-3590-6078

印刷・製本／中央精版印刷
乱丁、落丁はお取り替えします。その他お気づきの点がございましたら、お知らせ下さい。

ペットがあなたを選んだ理由

——犬の気持ち・猫の言葉が聴こえる摩訶不思議——

塩田妙玄

第１章◆魂は語る

嫌われクロの生まれてきた意味
野良猫チャンクの遺言
虐待犬プッチのお葬式

第２章◆出会いの意味

ペットが教える「飼い主との出会いの意味」
自分で知る「この子との出会いの意味」と
「うちの子を死後も生かす方法」

第３章◆アニマルコミュニケーション

飼い主はみんなアニマルコミュニケーター
もっとコミュニケーションを感じてみよう！
セドナのサイキックが語る亡き愛犬からのメッセージ
これってホントにうちの子のメッセージ？　その見分け方

第４章◆彼岸から

執着の行方
供養の現場
この世でできること、あの世だからできること

第５章◆ペットロスからの再生

ペットロスその１　悲しみの号泣から自ら再生する方法
ペットロスその２　亡きペットが教える悲しみから再生する方法
宝物を亡くした人（ペットロス）と寄り添う方法
相手のペットロス感情に巻き込まれないために

第６章◆祈り

祈りの効用
罪悪感の功罪（ある獣医師の壮絶な怪奇現象）
死に逝く子のために、あなたができるヒーリング法
天に返した子のために、あなたができる祈り
「してあげる」から「させていただく」世界へ

ISBN978-4-89295-917-2
四六並製 270頁
本体1600円

続・ペットがあなたを選んだ理由

——なぜ、ペットを失う苦しみがあるのか？—

塩田妙玄

ISBN978-4-89295-972-1

四六並製336頁

本体1700円

捨てられたペットたちの
リバーサイド物語《ストーリー》

いのちを救う保護施設

塩田妙玄

“ねこ探知機”の愛さんとは何者か？
ホームレスの手は神の手か!?
小さないのちをめぐるドタバタ人間模様。

今日も坊さんの悲鳴が上がる！

【笑いあり涙ありの10話】

第１話　奇跡のゴロー
第２話　ビビリ屋ちびり
第３話　猫ならにじお
第４話　施設の犬たち
第５話　事件の謎は藪の中
第６話　引き寄せられた３匹の猫
第７話　犬ならジャイコ
第８話　あかりばあちゃんの介護日記
第９話　骨折の小夏がつむぐ縁
第10話　老ホームレスと犬のコロ・クロ

四六並製 272頁
本体1600円